ACASO E CAOS

DAVID RUELLE

ACASO E CAOS

Tradução de
Roberto Leal Ferreira

1ª reimpressão

Título original em francês: *Hasard et chaos*

Praça da Sé, 108
01001-900 - São Paulo - SP
Tel.: (0xx11) 3242-7171
Fax: (0xx11) 3242-7172
www.editoraunesp.com.br
www.livrariaunesp.com.br
feu@editora.unesp.br

Dados Internacionais de Catalogação na Publicação (CIP)
(Câmara Brasileira do Livro, SP, Brasil)

Ruelle, David
Acaso e caos / David Ruelle; tradução de Roberto Leal Ferreira. - São Paulo: Editora da Universidade Estadual Paulista, 1993. - (Biblioteca básica)

Bibliografia.
ISBN 85-7139-051-7

1. Acaso 2. Ciência - Filosofia I. Título. II. Série.

93-3041 CDD-508

Índice para catálogo sistemático:
1. Acaso: Fenômenos naturais: Ciências 508

Editora afiliada:

Asociación de Editoriales Universitarias de América Latina y el Caribe

Associação Brasileira de Editoras Universitárias

SUMÁRIO

PREFÁCIO

Suam habet fortuna rationem.

O *acaso tem sua razão*, diz Petrônio. Mas qual razão? E o que é de fato o acaso? De onde nos vem? Até que ponto o futuro é previsível, ou imprevisível? A todas estas perguntas, a física e as matemáticas fornecem algumas respostas. Respostas modestas e às vezes incertas, que merecem, porém, ser conhecidas. O presente livro é consagrado a elas.

As leis da física são deterministas. Como, então, o acaso pode surgir em nossa descrição do Universo? De muitas maneiras, como veremos. E veremos também que há limites muito estritos para nossas possibilidades de predizer o futuro. Vou, portanto, apresentar aspectos do acaso e dos problemas de predição de acordo com as ideias científicas antigas e novas geralmente aceitas, ou aceitáveis. Em particular, discutirei com alguma minúcia as ideias modernas sobre o *caos*. O estilo adotado neste livro não é técnico, e as poucas equações que nele se encontram podem ser desprezadas sem maiores comprometimentos. A física e as matemáticas ensinadas no 2º grau são, em princípio, tudo que se precisa conhecer para ler os capítulos que se seguem. Quanto às notas no final dos capítulos, algumas são observações que não apresentam dificuldades, outras são mais técnicas e destinadas aos colegas cientistas que possam ler o presente opúsculo.

E já que me refiro aos caros colegas, receio que alguns deles fiquem aborrecidos com a descrição pouco gloriosa que faço dos cientistas e do mundo da pesquisa. Ora, ora! Se a ciência é a busca da verdade, não deve ser verídica também no que diz respeito à maneira como ela mesma se faz?

Bures-sur-Yvette
Outono de 1990.

AGRADECIMENTOS

Durante a preparação deste livro, tive a oportunidade de discutir com muitos colegas e amigos. Marcel Berger, Jean-Claude Deschamps, Jean-Pierre Eckmann, Christiane Frougny, Sheldon Goldstein, Janine e Nicolas Ruelle e Arthur Wightman leram total ou parcialmente *Acaso e caos* e foram pródigos em seus conselhos (que nem sempre segui). Oscar Lanford permitiu a reprodução de um desenho por computador do atrator de Lorenz. A Sra. Helga Dernois datilografou com grande serenidade a versão inglesa e, em seguida, a versão francesa do manuscrito. Meus agradecimentos a todos eles.

CAPÍTULO 1

O ACASO

Os computadores logo farão concorrência aos matemáticos, e ameaçam aposentá-los para sempre. Pelo menos, é o que eu dizia, um dia, de brincadeira, a meu eminentíssimo colega, o matemático Pierre Deligne. Já existem, dizia-lhe, máquinas que jogam xadrez muito bem. De resto, o *teorema das quatro cores*[1] só pôde ser demonstrado por meio de verificações feitas em computador. Sem dúvida, as máquinas atuais só ficam à vontade nas tarefas repetitivas e, na verdade, bastante estúpidas. Mas nada impede que elas venham a se tornar mais ágeis, que copiem os processos intelectuais do homem com a rapidez e a segurança bem maiores que as caracterizam. Assim, dentro de cinquenta ou cem anos, ou talvez de duzentos anos, veremos computadores não apenas auxiliando os matemáticos em seus trabalhos, mas tomando a iniciativa, fazendo a descoberta de definições naturais e fecundas, e depois conjecturando e provando teoremas cuja demonstração ultrapassa em muito as possibilidades humanas. Afinal, nosso cérebro foi moldado pela seleção natural, não tendo em vista as matemáticas, mas para nos ajudar na caça, na colheita, na guerra, nas relações sociais...

Sem dúvida, Pierre Deligne não demonstrou grande entusiasmo por essa visão do futuro das matemáticas. Acabou me dizendo que o que lhe interessava pessoalmente eram os resultados que ele mesmo podia, sozinho, compreender integralmente. Isso exclui, disse ele, por um lado, os resultados provados com a ajuda do computador, por outro lado, os resultados cuja demonstração – obra de muitos autores – é tão longa que ultrapassa as possibilidades de verificação por parte de um só matemático. Ele se referia a um teorema famoso, a respeito da classificação dos *grupos finitos simples*,[2] cuja prova é formada de numerosas seções e se estende por cerca de cinco mil páginas.

Poderíamos sem dificuldade, com base no que acabo de contar, pintar um quadro sinistro do estado atual da ciência e de seu futuro. Realmente, se está se tornando difícil para um matemático dominar sozinho uma questão – a demonstração de um único teorema –, isso é ainda mais verdade no que diz respeito a seus colegas das outras ciências. Por razões de eficiência, o pesquisador, seja ele físico ou médico, utiliza instrumentos cujo funcionamento não compreende. A ciência é universal, mas seus servidores são muito especializados, e seus interesses, não raro, limitados. Sem contestação, o quadro intelectual e social da pesquisa mudou muito desde suas origens. Aqueles que faziam ciência chamavam-se então filósofos em vez de pesquisadores, e tentavam obter uma compreensão global do mundo em que estamos, uma visão sintética da natureza das coisas. É característico que o grande Newton tenha dividido seus esforços entre as matemáticas, a física, a alquimia, a teologia e o estudo da história relativamente às profecias.[3] Teremos então abandonado a busca filosófica que deu origem à ciência?

De modo algum. Esta busca filosófica utiliza técnicas novas, mas permanece bem no centro das coisas: é o que vou tentar mostrar neste livro. Assim, no que se segue, não haverá nada sobre as proezas técnicas da ciência, nada sobre os foguetes e sobre os aceleradores de partículas. Nada sobre os benefícios da medicina ou sobre o perigo nuclear. Nada de metafísica, também. Eu gostaria de colocar os óculos de um homem de bem do século XVII ou XVIII e fazer um passeio pelos resultados científicos do século XX.

Um passeio guiado pelo *acaso*. Literalmente, já que o acaso será meu fio de Ariadne.

O acaso, a incerteza, a Fortuna cega, eis aí alguns conceitos bastante negativos. Não é esse o domínio das cartomantes, mais do que dos cientistas? A exploração científica do acaso começou, com Blaise Pascal, Pierre Fermat, Christiaan Huygens e Jacques Bernoulli, pela análise dos jogos ditos de azar. Essa análise deu lugar ao *cálculo das probabilidades*, tido por muito tempo como um ramo menor das matemáticas. Um fato central do cálculo das probabilidades é que, se jogarmos cara ou coroa um grande número de vezes, a proporção das caras (ou das coroas) torna-se próxima de 50%. Assim, a partir de uma incerteza total quanto ao resultado de um lance de moeda, chegamos a uma certeza quase completa a respeito de uma longa série de lances. Esta passagem da incerteza à quase-certeza, que se produz se observarmos *longas séries* de acontecimentos, ou *grandes sistemas*, é um tema essencial no estudo do acaso.

Por volta de 1900, muitos físicos e químicos ainda negavam que a matéria fosse composta de átomos e de moléculas. Outros aceitavam há muito o fato de que há num litro de ar um número incrível de moléculas indo em todos os sentidos em grande velocidade e se chocando na mais terrível desordem. Essa desordem, a que chamaram *caos molecular*, é afinal de contas muito acaso num pequeno volume. Quanto de acaso? A pergunta tem sentido e podemos responder a ela graças à *mecânica estatística*, criada por volta de 1900 pelo austríaco Ludwig Boltzmann e pelo americano J. Willard Gibbs. A quantidade de acaso presente num litro de ar ou num quilo de chumbo a certa temperatura é medida pela *entropia* desse litro de ar ou desse quilo de chumbo. Agora temos, aliás, os meios de determinar essas entropias com precisão. Eis portanto que o acaso se domesticou e se tornou indispensável para a compreensão da matéria.

Você poderia pensar que o que é "por acaso" é, por isso mesmo, carente de significação. Um pouco de reflexão mostra que não é nada disso: os grupos sanguíneos são distribuídos ao acaso na população francesa, mas não é carente de significação ser A^+ ou O^- em caso de transfusão. A *teoria da informação*, criada pelo matemático americano Claude Shannon no final dos anos 40, permite medir a informação contida em mensagens que em princípio têm uma significação. Veremos que se define a informação média de uma mensagem como igual à quantidade de acaso contida dentro da variedade das mensagens possíveis. Assim, a teoria da informação trata, como a mecânica estatística, de medir quantidades de acaso, e essas duas teorias estão por isso mesmo estreitamente ligadas uma à outra.

Já que estamos falando de mensagens significativas, gostaria de mencionar aqui mensagens que trazem uma informação particularmente vital: as mensagens genéticas. Está hoje bem demonstrado que os caracteres hereditários dos animais e das plantas são transmitidos pelo DNA dos cromossomos. Esse DNA (ácido desoxirribonucleico) está também presente nas bactérias e em certos vírus (ele é substituído em outros vírus pelo ácido ribonucleico). Demonstrou-se que o DNA é constituído por uma longa cadeia de elementos pertencentes a quatro tipos, que podemos representar pelas letras A, T, G, C. A informação hereditária está, portanto, contida em longas mensagens escritas com um alfabeto de quatro letras. No momento da divisão das células, essas mensagens são recopiadas com alguns erros feitos ao acaso, erros que chamamos de *mutações*. Por sua vez, as novas células, ou os novos indivíduos, são assim um pouco diferentes de seus ancestrais, e mais ou menos aptas a sobreviverem e a se reproduzirem. A *seleção natural* conserva os indivíduos mais aptos, ou mais sortudos. Assim, os problemas fundamentais da vida podem ser descritos em termos de criação e de transmissão de mensagens genéticas em presença do acaso.[4] Todavia, os grandes problemas da origem da vida e da evolução das espécies não estão resolvidos, mas exprimindo esses problemas em termos de criação e de transmissão de informação chegamos a pontos de vista muito sugestivos e até mesmo a algumas conclusões indiscutíveis. Voltaremos a tratar disso.

Antes, porém, de investigar o papel criador do acaso nos processos da vida, gostaria de levá-lo, a você, leitor, a um passeio bastante longo por outros problemas. Vamos falar de mecânica estatística e de teoria da informação, discutiremos os problemas da turbulência, do caos, e o papel do acaso na mecânica quântica e na teoria dos jogos. Faremos digressões sobre o determinismo histórico, os buracos negros, a complexidade algorítmica e muitas outras coisas mais.

Nosso longo passeio será feito nas fronteiras de dois grandes territórios intelectuais: por um lado, a austera matemática e, por outro, a física em seu sentido mais amplo, incluindo de fato todas as ciências naturais. Manteremos também um olho aberto para o funcionamento da mente humana em seus esforços, não raro admiráveis e patéticos, a fim de compreender a natureza das coisas. Assim, além do problema do acaso, tentaremos compreender um pouco a espantosa relação triangular entre a estranheza das matemáticas, a estranheza do mundo físico e a estranheza da nossa própria mente humana. Para começar, gostaria de discutir algumas regras do jogo das matemáticas e da física.

Notas

1. *O teorema das quatro cores*

Suponhamos que um mapa geográfico seja traçado sobre uma esfera ou um plano. Suponhamos também que não haja mares e que todos os países sejam um só bloco. Queremos colorir esse mapa de tal modo que dois países com uma fronteira comum tenham cores diferentes. (Tolera-se a mesma cor se os dois países tiverem só um número finito de pontos fronteiriços em comum.) Quantas cores serão necessárias? Resposta: bastam quatro cores em todos os casos. É o teorema das quatro cores.

A solução do problema das quatro cores se deve a Kenneth Appel e Wolfgang Haken. Os artigos técnicos são: K. Appel e W. Haken, Every planar map is four colorable, Part I: Discharging, *Illinois J. Math.*, v. 21, p. 429-90, 1977; K. Appel, W. Haken e J. Koch, Every planar graph is four colorable, Part II: Reducibility, *Illinois J. Math.*, v. 21, p. 491-567, 1977.

Para apresentações mais técnicas, ver K. Appel e W. Haken, The solution of the four-color-map problem, *Scientific American*, October 1977, p. 108-21; K. Appel e W. Haken, The four color proof suffices, *The mathematical Intelligencer*, v. 8, p. 10-20, 1986.

Os computadores substituirão os matemáticos dentro de cinquenta ou de quinhentos anos? A questão é muito aberta e não parece possível dar-lhe agora uma resposta séria. Acrescentarei que não sou de forma alguma um entusiasta da substituição generalizada da inteligência humana pela inteligência dos computadores. Mas a questão se coloca e uma atitude de nobre denegação (do tipo: "Estou profundamente convencido de que jamais a máquina poderá substituir a inteligência do homem") carece um pouco de bom senso.

2. O trabalho de classificar os grupos finitos simples envolveu muitos cálculos em computador, além de um enorme tempo de trabalho dos matemáticos. Para uma breve introdução ao problema, ver J. H. Conway, Monsters and moonshine, *The mathematical Intelligencer*, v. 2, p. 165-71, 1980.

3. A biografia de Newton que tem autoridade atualmente é: R. Westfall, *Never at rest*, Cambridge: Cambridge University Press, 1980. A diversidade dos interesses intelectuais de Newton é fascinante. Por um lado, há os grandes resultados que obteve nas matemáticas e na física e, por outro lado, especulações duvidosas (de acordo com nosso julgamento atual) sobre a alquimia, a história e a religião. Somos tentados a censurar a produção intelectual de Newton e a decretar que uma parte dela é boa, enquanto o resto merece ser esquecido. Mas, se quisermos entender o processo criador do espírito de Newton, não podemos deixar de lado suas especulações duvidosas. Na esperança de apreender o sentido do Universo, as investigações sobre as profecias e a alquimia eram tão importantes quanto seus trabalhos sobre a gravitação ou sobre o cálculo diferencial. Resta-nos, claramente, muito a compreender sobre o modo como funcionava a mente de Newton. Infelizmente, um fato parece emergir do livro de Westfall: o grande Newton parece não ter tido nenhuma espécie de senso de humor.

4. Para uma introdução aos problemas da genética molecular, ver o livro clássico de J. Monod, *Le hasard et la nécessité*, Paris: Le Seuil, 1970. Essa obra realizou um extraordinário trabalho de limpeza filosófica que só podemos admirar, mesmo se não aceitarmos todos os pontos de vista do autor. (Alguns consideram Monod pessimista demais; eu, pelo contrário, o considero otimista demais em suas ideias sobre uma possível *nova aliança*.)

CAPÍTULO 2

MATEMÁTICA E FÍSICA

O talento matemático frequentemente surge de maneira precoce. Essa é uma observação muito comum, que o grande matemático russo Andrei N. Kolmogorov completou com uma curiosa sugestão. Segundo ele, o desenvolvimento psicológico normal de uma pessoa detém-se precisamente no momento em que surge o talento matemático. Assim, Kolmogorov atribuía a si mesmo a idade mental de doze anos. Não dava mais do que oito anos a seu compatriota Ivan M. Vinogradov, que foi durante muito tempo um membro poderoso e temido da Academia de Ciências da URSS. Os oito anos do acadêmico Vinogradov eram, segundo Kolmogorov, "a idade em que os moleques arrancam asas das borboletas e amarram panelas no rabo dos gatos".

Por certo não seria difícil encontrar contraexemplos à teoria de Kolmogorov,[1] mas é notável que ela com tanta frequência esteja correta. Ocorre-me o caso extremo de um colega: sua idade mental situa-se por volta dos seis anos, o que levanta certos problemas práticos, em particular quando ele tem de viajar sozinho. Esse colega funciona bastante bem como matemático, mas acho que não poderia sobreviver na comunidade um pouco mais agressiva dos físicos.

O que faz da matemática um campo tão particular e tão diferente das outras ciências? O ponto de partida de uma teoria matemática é formado por algumas *asserções de base* acerca de certo número de *objetos matemáticos* (que são, na verdade, palavras ou outras expressões simbólicas). A partir das asserções de base, tentamos, por pura lógica, deduzir novas asserções chamadas *teoremas*. As palavras utilizadas na matemática podem ser familiares, como *ponto* e *espaço*, mas é importante não confiarmos demais na intuição comum que temos das coisas e empregarmos, de fato, unicamente as asserções de base dadas no início. Seria, aliás, inteiramente aceitável que em vez de "ponto" e "espaço" se dissesse "cadeira" e "mesa", e isso poderia até ser vantajoso; os matemáticos não evitam fazer tais traduções. Assim visto, o trabalho matemático parece um exercício de gramática com regras extremamente precisas. Partindo das asserções de base que escolheu, o matemático constrói uma cadeia de novas asserções, até que se depare com uma particularmente bonita. Seus colegas, chamados para admirarem a asserção que acabou de gerar, dirão: "Que belo teorema!". A cadeia de asserções intermediárias constitui a *demonstração* do teorema, mas um teorema de enunciado simples e conciso muitas vezes requer uma demonstração extraordinariamente longa. O *comprimento das demonstrações* é o que torna a matemática interessante, e ele constitui um fato de importância filosófica fundamental. Está ligado a essa questão do comprimento das demonstrações o problema da complexidade algorítmica, assim como o teorema de Gödel; voltaremos a isto em capítulos ulteriores.[2]

Porque são longas, as demonstrações matemáticas são difíceis de inventar. É preciso construir, sem nunca se enganar, longas cadeias de asserções e, sobretudo, ver claro. Ver claro nelas significa adivinhar o que é verdadeiro e o que é falso, o que é útil e o que não é, sentir quais são as definições que devem ser introduzidas e encontrar as asserções-chave que permitirão desenvolver uma teoria de maneira natural.

De resto, não se deve acreditar que o jogo matemático seja arbitrário e gratuito. As diversas teorias matemáticas têm inúmeras relações entre si: os objetos de uma teoria podem ser reinterpretados numa outra teoria, o que leva a pontos de vista novos e férteis. Mais do que uma coleção de teorias separadas, como a teoria dos conjuntos, a topologia e a álgebra, cada uma com suas asserções de base particulares, a matemática forma um todo coerente. E é para exprimir essa unidade das teorias que muitos matemáticos preferem dizer "a matemática" a "as matemáticas". A matemática é, portanto, um vasto reino, e esse reino pertence aos que veem claro. O *vidente*, o que tem a *intuição* e o poder matemático, experimenta um grande sentimento de superioridade em relação aos seus contemporâneos cegos: o mesmo sentimento de superioridade que tem o piloto de avião diante dos "rastejantes" ou a dançarina famosa diante de pequenas-burguesas gordinhas.

O matemático – o verdadeiro – investe muito em sua arte: é uma espécie de iogue rigoroso, ascético até. Os conceitos e as relações estranhas ocupam o pensamento verbal ou não, consciente ou não. (Henri Poincaré insistiu no papel do inconsciente na descoberta matemática,[3] e a observação desse papel é bastante comum.) Assim, a invasão do intelecto pela floração do pensamento matemático e a estranheza desse pensamento fazem do matemático um ser um pouco à parte, e compreende-se que, como afirma Kolmogorov, seu desenvolvimento psicológico normal se veja paralisado por isso.

E o que ocorre com os físicos? Matemáticos e físicos comportam-se muitas vezes como irmãos inimigos e gostam de exagerar suas diferenças. Ora, a física exprime-se em linguagem matemática, como já escrevera Galileu,[4] e um físico teórico é sempre, de certa maneira, um matemático. Arquimedes, Newton e muitos outros, aliás, brilharam ao mesmo tempo na física e na matemática. A física, de fato, é ao mesmo tempo intimamente ligada à matemática e profundamente diferente dela. É o que vou tentar mostrar agora.

O objeto da física é explicar o mundo que nos cerca. Normalmente, o físico não tenta compreender tudo de uma só vez, mas se limita a um *pedaço de realidade* de cada vez. Procede por *idealização* desse pedaço de realidade e tenta descrevê-lo por meio de uma teoria matemática. Portanto, para começar, ele delimita um conjunto de fenômenos e define *operacionalmente* certos conceitos físicos. Estando o quadro físico assim delimitado, ele deve ainda escolher uma teoria matemática e estabelecer uma correspondência entre os objetos dessa teoria e os conceitos físicos.[5] Esta correspondência constitui uma *teoria física*. Sem dúvida, a teoria física é tanto melhor quanto mais precisa for a correspondência entre grandezas físicas e grandezas matemáticas, e quanto mais vasto for o conjunto dos fenômenos descritos. No entanto, a dificuldade dos problemas matemáticos a resolver desempenha também seu papel, e os físicos geralmente se contentarão com uma teoria simplificada, se sua precisão for suficiente para uma dada aplicação.

Devemos dar-nos conta de que a definição operacional de um conceito físico não é uma definição formal. Os progressos de nossa compreensão dos fenômenos permitem-nos analisar melhor as definições operacionais, mas estas permanecem sendo menos precisas do que a teoria matemática a que se ligam. Se, por exemplo, se descrevem experiências de química, pode-se exigir que os produtos utilizados sejam *razoavelmente puros*, e em certos casos serão impostos limites estritos à presença de certas impurezas. Mas se se insistir em conhecer de antemão a quantidade precisa de todas as impurezas concebíveis, não se fará nunca nenhuma experiência. O estudo da física põe-nos diante do fato paradoxal de que temos menos controle sobre um objeto físico que podemos pegar com a mão do que sobre um objeto matemático sem existência material. E isso irrita enormemente certas pessoas que, por essa razão, se dedicarão ao estudo matemático e não à física.

Um modesto exemplo de teoria física é o que chamarei de *teoria do jogo de dados*. O pedaço de realidade que gostaríamos de compreender é o que observamos quando jogamos dados. Um conceito operacionalmente definido na teoria do jogo de dados é o conceito de *independência*: se chacoalhamos bem os dados entre dois lances sucessivos, dizemos que eles são independentes. E eis um exemplo de predição da teoria: para um grande número de lances independentes de dois dados, o resultado será 3 (portanto, 1 para um dado, 2 para o outro) em cerca de um caso em cada 18.

Resumamos. Ao colar uma teoria matemática a um pedaço de realidade, obtemos uma teoria física. Existe um grande número de tais teorias, abarcando diversas categorias de fenômenos. Geralmente, até para explicar um dado fenômeno dispomos de várias teorias diferentes. A passagem de uma a outra dá lugar, no melhor dos casos, a *aproximações* (em geral não controladas), no pior dos casos, a sérios quebra-cabeças lógicos, quando os conceitos físicos de uma teoria não concordam com os da outra. De fato, saltar de uma teoria a outra é uma parte importante da arte do físico. Os profissionais dirão que estudam "correções quânticas" ou "um limite não relativista", ou então não dirão absolutamente nada, porque "o contexto" indica o ponto de vista adotado. Nestas condições, o discurso físico mostra-se não raro confuso ou incoerente. Como fazem os físicos para nele se orientarem?

Antes de responder a esta pergunta, gostaria de observar que dizemos "a física" e não "as físicas", ao passo que não é certo se devemos dizer "a matemática" ou "as matemáticas". A física tira sua unidade fundamental do fato de que descreve o universo físico único em que vivemos. A unidade da matemática está ligada às relações lógicas existentes entre diversas teorias matemáticas. As teorias físicas, pelo contrário, não precisam ser logicamente coerentes; elas devem sua unidade ao fato de descreverem uma única e mesma realidade física. Normalmente, o físico quase não tem dúvidas existenciais sobre a realidade que tenta descrever. Com frequência, ele precisará, para representar um conjunto de fenômenos, de várias teorias logicamente incompatíveis. Esta incoerência vai descontentá-lo, sem dúvida, mas não a ponto de levá-lo a se desembaraçar de uma ou outra das teorias incompatíveis. Ele as conservará pelo menos até encontrar uma teoria melhor, que dê conta de maneira unificada de todos os fatos observados.

Uma última palavra de advertência. Não entremos em grandes discussões gerais e abstratas sobre o caráter "determinista" ou "probabilista" da física, seu caráter "local" ou não, e assim por diante. É sempre preciso especificar a teoria física que se esteja considerando e de que maneira a localidade, o acaso ou o determinismo são introduzidos nessa teoria. Toda discussão física pertinente exige um quadro operacional. Ele pode ser fornecido por uma teoria existente. Senão, é preciso que ele seja dado pela descrição suficientemente explícita de experiências que sejam, pelo menos em princípio, realizáveis.

Notas

1. Os matemáticos são, como é natural, um grupo um tanto heterogêneo. Alguns gostam do ataque frontal aos problemas e devem seu sucesso a uma grande potência técnica. Outros giram ao redor da questão até que descobrem uma astúcia sutil que permite uma solução fácil. (Mas nem sempre há astúcia sutil.) Nem todos são iguais e alguns não correspondem muito à ideia que se faz dos matemáticos. Mas, não raro, há um ar de família não apenas entre matemáticos, mas, mais geralmente, entre cientistas profissionais. A semelhança é intelectual e também física. Mais de uma vez achei o caminho de uma reunião científica numa cidade desconhecida seguindo na rua alguém que tinha jeito de ser um colega (desconhecido, evidentemente). Não sou o único que fez este tipo de observação.

2. Ver os capítulos 22 e 23. Eis aqui uma ideia do teorema da incompletude de Gödel. No quadro das asserções de base geralmente aceitas sobre os números inteiros 1, 2, 3..., Gödel mostra que há asserções sobre as quais não podemos provar nem que são verdadeiras, nem que são falsas: elas são indecidíveis. Se aumentarmos o número das asserções de base, sempre continuarão a existir asserções indecidíveis.

   Dissemos que o tamanho das provas torna interessantes as matemáticas. (Mesmo as provas mais curtas de certos teoremas são longas.) Evidentemente, os matemáticos procuram demonstrações breves e elegantes. Um artifício que permita uma demonstração muito breve de um resultado que acreditávamos ser difícil provocará uma mistura de satisfação e de decepção (porque o resultado se reduz, afinal, a uma trivialidade).

3. Ver H. Poincaré, 'L'invention mathématique', capítulo 3 de *Science et méthode*, Paris: Ernest Flammarion, 1908. Ver também J. Hadamard, *The psychology of invention in the mathematical field*, Princeton, NJ: Princeton University Press, 1945.

   Poincaré dá o exemplo de um problema em que deixara de pensar conscientemente e cuja solução, mais tarde, surgiu-lhe de repente e de maneira perfeitamente clara. É certo que se efetuara um trabalho inconsciente. Esse trabalho implicaria mais o que Freud chama de *pré-consciente* do que o inconsciente profundo; no entanto, colar uma etiqueta, como pré-consciente, não explica realmente o que se passa. O papel do inconsciente (ou do pré-consciente) é familiar, acho eu, a muitos dos que fazem pesquisa científica. Falta-nos, porém, uma real compreensão dos processos de descoberta, inconscientes ou conscientes.

4. Eis aqui um trecho do *Saggiatore* de Galileu (1623): "A filosofia está escrita neste imenso livro que está sempre aberto diante de nossos olhos (ou seja, o Universo), mas não pode ser compreendido, a menos que primeiro aprendamos a sua linguagem e conheçamos os caracteres em que está escrito. Ele está escrito em linguagem matemática, e os caracteres são triângulos, círculos e outras figuras geométricas...".

5. As matemáticas de uma teoria física podem ir bem além das quantidades operacionalmente definidas e introduzir objetos que não são diretamente observáveis, mesmo em princípio. A introdução de objetos inobserváveis é evidentemente algo muito delicado, e podemos ser tentados a recusá-la por razões filosóficas. Mas acontece que tal apriorismo filosófico se revela, pelo menos em certos casos, uma má ideia. Assim, no final dos anos 50, o físico Geoffrey Chew propôs que os físicos das partículas concentrassem sua atenção num objeto matemático chamado matriz S, objeto muito próximo das quantidades medidas experimentalmente. Em compensação, seria preciso esquecer os campos quânticos inobserváveis. A ideia de Chew podia parecer muito razoável, mas os fatos não lhe deram razão: os campos quânticos foram e continuam sendo ferramentas indispensáveis ao estudo da física das partículas.

CAPÍTULO 3

PROBABILIDADES

A interpretação científica do acaso começa pela introdução das *probabilidades*. Como sempre, quando queremos codificar uma ideia "intuitivamente clara", devemos demonstrar muita circunspeção. Vejamos de que se trata.

"Há nove chances em dez para que chova esta tarde; por isso, vou levar o guarda-chuva." Este gênero de raciocínio que faz uso de uma probabilidade é de uso constante quando devemos tomar uma decisão. A probabilidade de chover é estimada em 9/10, ou 90%, ou ainda 0,9. De uma maneira geral, as probabilidades são contadas de 0 a 100% ou, em termos mais matemáticos, de 0 a 1. A probabilidade 0 (0%) corresponde a um acontecimento impossível, e a probabilidade 1 (100%), a um acontecimento certo. Uma probabilidade que não seja nem 0 nem 1 corresponde a um acontecimento incerto, mas em relação ao qual nossa ignorância não é total. Assim, um acontecimento cuja probabilidade é de 0,000001 (uma chance em um milhão) é muito improvável.

O êxito do que realizamos depende de circunstâncias, das quais algumas são certas e outras aleatórias. É importante avaliar corretamente as probabilidades destas últimas, e por conseguinte edificar uma *teoria física das probabilidades*. Insisto no adjetivo *física*, pois é preciso não apenas poder calcular probabilidades, mas também poder compará-las operacionalmente com a realidade. Se desdenharmos esta relação com a realidade, corremos o risco de nos enredarmos em inextricáveis paradoxos. Devemos assim ser um pouco prudentes quando afirmamos, por exemplo, que "a probabilidade de chover esta tarde é de 0,9". O mínimo que se pode dizer é que o significado operacional dessa afirmação não é muito claro, e por isso seu estatuto permanece por enquanto um tanto duvidoso.

Tomemos a afirmação: "Quando jogo uma moeda ao ar, a probabilidade de que ela caia do lado cara é de 0,5". Isso parece razoável, pelo menos antes de jogar a moeda, mas é evidentemente falso uma vez que ela tenha caído, já que qualquer incerteza então se dissipou. Em que momento a moeda decide cair de um lado e não do outro? Se nos colocarmos no quadro do determinismo clássico, o estado do Universo num instante determina seu estado em qualquer instante posterior. Portanto, o lado em que cairá a moeda é determinado no momento da criação do Universo! Devemos então abandonar as probabilidades? Ou devemos apelar para a mecânica quântica para podermos falar a respeito? A meu ver, isso é colocar o carro na frente dos bois. Não é assim que se faz física. Introduzamos primeiro as probabilidades num quadro tão pouco restritivo quanto possível, sem falar de mecânica clássica ou quântica. Definamos os conceitos matemáticos e o quadro operacional das probabilidades. Em seguida poderemos discutir sobre suas relações com o determinismo, com a mecânica quântica etc.

A posição filosófica que pretendo defender quanto à introdução das probabilidades é portanto a seguinte: para diversas classes de fenômenos (o que chamei de *pedaços de realidade*), existem idealizações que fazem uso das probabilidades. Interessamo-nos por essas idealizações porque são *úteis*: pode ser útil saber que, se se jogar uma moeda vinte vezes, há menos de uma chance em um milhão de que ela caia todas as vezes do lado cara. As probabilidades substituem, portanto, a certeza total por algo um pouco mais substancial. É preciso agora dar a este *algo* uma estrutura lógica e operacional coerente.

Se vocês não estiverem familiarizados com a teoria das probabilidades (ou com a ciência "dura" em geral), poderão achar o resto deste capítulo um pouco desagradável. Mas não por isso devem abandoná-lo! O que pretendo fazer é esboçar um exemplo de teoria física: conceitos físicos operacionalmente definidos, teoria matemática e relação entre os conceitos físicos e matemáticos. O exemplo que quero descrever é o da *teoria física das probabilidades*. Trata-se, sob todos os aspectos, de um exemplo muito simples de teoria física.

A teoria das probabilidades brinca com afirmações do tipo

proba ("A") = 0,9

ou seja: a probabilidade do acontecimento "A" é de 90%. Do ponto de vista matemático, o acontecimento "A" é simplesmente um símbolo a se manipular de acordo com certas regras. No quadro de uma idealização física, o acontecimento "A" é realmente um acontecimento, como "vai chover esta tarde", a se definir operacionalmente. (Por exemplo, resolvo que vou passear lá fora esta tarde, e se chover eu vou ficar sabendo. Como de hábito na física, esta definição não é totalmente precisa: pode acontecer que eu seja esmagado por um carro antes da tarde, o que poria um ponto final em minhas observações meteorológicas.)

O acontecimento "não A" é, do ponto de vista matemático, simplesmente uma nova reunião de símbolos. Em todas as idealizações físicas que vamos considerar, o acontecimento "não A" corresponde a que o acontecimento "A" não ocorre. No exemplo acima, "não A" quer dizer "não vai chover esta tarde".

Introduzamos agora, além de "A", um novo acontecimento: o acontecimento "B". Do ponto de vista matemático, isto nos permitirá novas reuniões de símbolos: "A ou B" e "A e B", que também são acontecimentos. Numa idealização física, "B" poderia significar, por exemplo, "vai nevar, mas não vai chover esta tarde" ou "a fatia de pão que derrubo vai cair do lado da manteiga". O acontecimento "A ou B" corresponde a que quer "A", quer "B", quer "A" e "B" ocorram. O acontecimento "A e B" corresponde a que tanto "A" quanto "B" se realizem ambos.

Podemos agora completar a nossa apresentação matemática das probabilidades através de três asserções ou regras de base:

(1) Proba ("não A") = 1 – proba ("A")
(2) Se "A" e "B" são *incompatíveis*, então
proba ("A ou B") = proba ("A") + proba ("B")
(3) Se "A" e "B" são *independentes*, então
proba ("A e B") = proba ("A") x proba ("B")

Discutiremos pormenorizadamente estas três regras um pouco mais adiante, mas notemos que elas contêm os termos novos e não definidos de acontecimentos *incompatíveis* e de acontecimentos *independentes*. Num tratado de cálculo das probabilidades, introduziríamos agora algumas regras sobre o uso do *não*, do *e* e do *ou*, e dos conceitos matemáticos de acontecimentos incompatíveis ou independentes. Acrescentar-se-iam também uma ou duas asserções de base acerca dos conjuntos infinitos de acontecimentos. Deixaremos de lado esses pormenores, decerto importantes, mas não essenciais para o que pretendemos fazer.

Acabamos de despachar – de maneira sumária, mas não incorreta – os fundamentos matemáticos do cálculo das probabilidades.[1] Resta-nos a tarefa igualmente importante de determinar o quadro *físico* das probabilidades. Ou antes *os* quadros físicos, pois as probabilidades intervêm em situações bastante diferentes, de modo que a definição operacional dos conceitos deve ser feita caso por caso. Vamos nos contentar aqui com indicações gerais, para mais tarde voltarmos a alguns problemas particulares.

Nas idealizações físicas, dizemos que dois acontecimentos são *incompatíveis* se não podem ocorrer ao mesmo tempo. Suponhamos que os acontecimentos "A" e "B" são respectivamente "vai chover esta tarde" e "vai nevar, mas não vai chover esta tarde". Então "A" e "B" são incompatíveis e a regra (2) diz que suas probabilidades se somam: 90% de chances de chuva mais 5% de chances de neve sem chuva dão 95% de chances de chuva ou de neve, o que é intuitivamente satisfatório.

Dois acontecimentos são ditos *independentes* se não têm "nada a ver" um com o outro, ou seja, se o fato de ocorrer ou não um deles não tem, em média, nenhuma influência sobre a ocorrência do outro. Suponhamos que os acontecimentos "A" e "B" são respectivamente "vai chover esta tarde" e "a fatia de pão que derrubo vai cair do lado da manteiga". Considero que esses dois acontecimentos não têm nada a ver um com o outro, que não se relacionam, são independentes. Pela aplicação da regra (3), suas probabilidades devem, portanto, multiplicar-se: probabilidade 0,9 de que chova multiplicada pela probabilidade 0,5 de que a fatia de pão caia com a manteiga para baixo dá uma probabilidade 0,45 de que esses acontecimentos se produzam ambos. Intuitivamente, é satisfatório: há 90% de chances de chover, na metade dos casos minha fatia de pão vai cair com a manteiga para baixo; há, portanto, uma probabilidade de 45% de se ter ao mesmo tempo chuva lá fora e manteiga no assoalho.[2]

Verificamos assim que as regras (2) e (3) são intuitivamente satisfatórias. Quanto à regra (1), ela simplesmente diz que, se a probabilidade de chover é de 90%, a probabilidade de não chover é então de 10%, o que não é muito criticável.

Claramente, a noção mais delicada dentre as que acabamos de discutir é a noção de independência. A experiência e o bom senso sugerem que certos acontecimentos são independentes, mas podemos ter surpresas. É preciso portanto verificar que as probabilidades de acontecimentos supostamente independentes se multiplicam, como diz a regra (3). É também preciso ser muito escrupuloso no que diz respeito às definições operacionais. Assim, quando jogamos dados, é preciso chacoalhar bem os dados no copinho entre dois lances sucessivos, para que esses lances possam ser considerados independentes.

Muito bem. Sabemos agora como brincar com as probabilidades, mas não dissemos a que elas correspondem operacionalmente! Eis portanto a regra para determinar a probabilidade do acontecimento "A": vocês fazem um grande número de experiências independentes nas condições em que "A" pode ocorrer, e observam em que proporção dos casos o acontecimento "A" efetivamente ocorre. Esta proporção é a probabilidade de "A". (Para o matemático, o "grande número" de experiências é um número que fazemos tender ao infinito.) Por exemplo, se lançamos uma moeda ao ar um grande número de vezes, ela vai cair "cara" em cerca de metade dos casos, o que corresponde a uma probabilidade de 0,5.

Tendo dado esta bela definição operacional, podemos nos perguntar o que entendemos pela probabilidade do acontecimento "vai chover esta tarde". De fato, é difícil repetir "esta tarde" independentemente um grande número de vezes! Alguns puristas dirão que a probabilidade em questão não tem sentido. Podemos porém fornecer-lhe um, fazendo, por exemplo, um grande número de simulações numéricas no computador (compatíveis com o que sabemos da situação meteorológica) e vendo qual é a porcentagem de casos em que a simulação indica chuva. Se encontrarmos uma probabilidade de 90% de chuva, mesmo os puristas vão pegar o guarda-chuva.

Notas

1. Os fundamentos matemáticos do cálculo das probabilidades ganharam respeitabilidade com Kolmogorov (o mesmo cuja teoria da psicologia dos matemáticos discutimos no capítulo 2, e também o autor de uma teoria da turbulência que mencionaremos mais adiante). A referência clássica é A. N. Kolmogorov, Grundbegriffe der Wahrscheinlichkeitsrechnung, *Erg. Math.*, Springer, Berlim, 1933.

2. Insistimos em dar uma definição física da independência. Evidentemente, dizer que dois acontecimentos são independentes se não têm "nada a ver" um com o outro não é realmente operacional. Seria preferível dizer que é um princípio metafísico geral que sugere definições operacionais em casos particulares. (Por exemplo, se tivermos chacoalhado bastante os dados entre dois lances sucessivos, podemos considerar que eles são independentes.) A validez das definições operacionais de independência que formulamos pode ser testada verificando-se suas consequências.

   Mas, por que não utilizar a definição matemática da independência (ou seja, essencialmente a asserção (3)) e verificá-la por meio de testes estatísticos? Em princípio, é uma maneira muito satisfatória de apresentar as coisas, e é ela a utilizada nos manuais, mas *não* na prática. De fato, os testes estatísticos são pesados e muito pouco convincentes. Assim, pois, na prática, começamos adivinhando que dois acontecimentos são independentes porque não têm nada a ver um com o outro. Em seguida, tentamos ver se não há mecanismos que possam deduzir essa independência. E só em último caso usamos de testes estatísticos.

CAPÍTULO 4

LOTERIAS E HORÓSCOPOS

Introduzi as probabilidades no capítulo precedente com regras matemáticas de base, definições operacionais etc., em suma, com todo um luxo de precauções que talvez não fossem indispensáveis. Afinal, podemos resumir o que disse em poucas palavras: as probabilidades de acontecimentos incompatíveis somam-se (para dar a probabilidade do acontecimento "A ou B"), as probabilidades de acontecimentos independentes multiplicam-se (para dar a probabilidade do acontecimento "A e B"), a proporção dos casos em que um acontecimento se produz (num grande número de tentativas independentes) é a probabilidade desse acontecimento. Se refletirmos um pouco, tudo isso é intuitivamente claro e não deveria dar lugar a controvérsia. No entanto, quando vemos o sucesso das loterias e dos horóscopos, por exemplo, notamos como o comportamento de muita gente difere, no que diz respeito às probabilidades, do que é cientificamente razoável.

As loterias são uma forma de imposto livremente consentida pelas camadas menos favorecidas da sociedade. O usuário compra não muito caro um pouco de esperança de ficar rico. Mas a probabilidade de ganhar o grande prêmio é muito pequena: é o gênero de probabilidades que costumamos negligenciar (como a de receber na cabeça um objeto mortífero enquanto caminhamos pela rua). De fato, os ganhos, grandes ou pequenos, não compensam em média o preço dos bilhetes, e o cálculo das probabilidades mostra que temos praticamente certeza de perder dinheiro se jogarmos regularmente. Tomemos o exemplo de uma loteria um pouco simplificada, em que a probabilidade de ganhar é de 10% e onde se ganha cinco vezes a aposta. Num grande número de extrações, a proporção das vezes em que se ganha é próxima de 1/10 e, como ganhamos cinco vezes a aposta, o ganho total é de cerca de metade da despesa total. Assim, quanto mais bilhetes comprarmos, mais dinheiro perderemos, e isto continua a ser verdade para as loterias mais complicadas, já que todas as loterias são feitas para depenar o jogador em proveito do organizador.[1]

Gostaria agora de falar de horóscopos, e para isso vou utilizar uma asserção do cálculo das probabilidades que é apenas, na verdade, uma reformulação da regra (3) do capítulo precedente. Eis aqui esta asserção:

(4) Se "A" e "B" são independentes, então
proba ("B", sabendo que "A" ocorreu) = proba ("B")

Em outras palavras, o fato de saber que "A" ocorre não nos dá nenhuma informação sobre "B", cuja probabilidade permanece sendo igual a proba ("B"). Isso corresponde bastante bem à noção intuitiva de acontecimentos independentes. Quando acontecimentos não são independentes, dizemos que há entre eles certas correlações, ou que são correlatos. A regra (4) é justificada, para proveito do leitor interessado, na nota 2.

Podemos agora discutir o problema dos horóscopos, que é mais sutil e mais interessante do que o problema das loterias, pois neste caso não vemos imediatamente onde estão as probabilidades. De modo típico, o horóscopo afirma que, se você é de Leão, a configuração dos planetas lhe é favorável esta semana e você terá sorte no amor e no jogo. Ou então, se você é de Peixes, precisa a qualquer custo evitar as viagens, ficar em casa e cuidar da sua "vidinha". A isso os astrônomos e os físicos objetam que "X é de Leão" e "X ganhará no jogo esta semana" são acontecimentos independentes. O mesmo a respeito de "X é de Peixes" e "X terá aborrecimentos se ele (ou ela) viajar esta semana". De fato, dificilmente podemos imaginar mais belos exemplos de coisas que não têm nada a ver uma com a outra e que sejam, portanto, independentes no sentido da teoria das probabilidades. Por conseguinte, podemos aplicar a regra (4) e dela deduzir que a probabilidade de X ganhar no jogo é a mesma, quer X seja de Leão ou não. De resto, os perigos da viagem são os mesmos para alguém de Peixes ou de qualquer outro signo do zodíaco. Os horóscopos são, portanto, perfeitamente inúteis.

Caso encerrado? Ainda não, pois os defensores da astrologia vão justamente negar que "X é de Leão" e "X vai ganhar no jogo esta semana" são acontecimentos independentes; poderão citar uma lista de astrônomos ilustres que também foram astrólogos: Hiparco, Ptolomeu e Kepler, por exemplo. A melhor maneira de resolver a discussão é, pois, experimental: encontram-se correlações significativas entre os horóscopos e a realidade? A resposta é negativa e desacredita totalmente a astrologia. Todavia, devemos dizer que o descrédito da astrologia nos meios científicos tem outra causa: a ciência mudou nossa compreensão do Universo, de modo que correlações que eram concebíveis na Antiguidade se tornaram incompatíveis com nossos conhecimentos atuais sobre a estrutura do Universo e a natureza das leis físicas. A astrologia e os horóscopos podiam ter seu lugar na ciência da Antiguidade, mas não se enquadram mais na ciência de hoje.

A situação, porém, não é muito simples e merece uma análise séria. Por causa das forças (da gravitação universal) que existem entre todos os corpos, Vênus, Marte, Júpiter e Saturno exercem efeitos sobre nossa boa e velha Terra. Com toda evidência, esses efeitos são fracos, e poderíamos supor que sua influência sobre o curso dos negócios humanos é completamente desprezível. *Falso!* De fato, certos fenômenos físicos, como os da meteorologia, apresentam uma grande sensibilidade a perturbações, de modo que uma causa ínfima tem consequências importantes depois de algum tempo. Podemos, portanto, conceber que a presença de Vênus, ou de qualquer outro planeta, modifique a evolução meteorológica, com consequências não desprezíveis para nós. Como veremos, os especialistas consideram essa ideia aceitável e admitem que o fato de chover ou não esta tarde depende, entre muitas outras coisas, da influência gravitacional de Vênus há algumas semanas! De resto, os mesmos argumentos que dizem que Vênus tem um efeito sobre a meteorologia nos impedem exatamente de saber qual é esse efeito. Em outras palavras, o fato de chover esta tarde e o fato de Vênus estar aqui ou ali continuam sendo acontecimentos independentes no sentido da teoria das probabilidades. Tudo isto está de acordo com o bom senso, mas é um pouco mais sutil do que poderíamos ingenuamente imaginar.[3]

Vamos em frente com nossa análise. Deixando de lado a meteorologia, não haverá um efeito que os astros possam ter sobre nossos negócios e onde seu papel seja mais decisivo? Imaginemos um astrônomo meio louco que, com base em suas observações sobre Vênus, se entregasse a crimes sádicos: eis aí algo que daria lugar a correlações interessantes com certos horóscopos! A sugestão não é totalmente absurda: os antigos maias, grandes observadores do ciclo de Vênus, eram, também, loucos por sacrifícios humanos. (Eles abriam o peito de suas vítimas com uma faca de sílex e lhes arrancavam o coração, que em seguida queimavam.) Portanto, a intervenção da inteligência humana fornece um mecanismo que pode introduzir correlações entre "acontecimentos" que em princípio nada têm a ver uns com outros. Como saber, então, quais acontecimentos são realmente independentes?

O fato é que o físico de hoje tem a vantagem de um conhecimento muito minucioso do Universo e das leis que o regem. Tem, portanto, ideias bastante precisas sobre as correlações que podem existir. Sabe, por exemplo, que a velocidade de uma reação química pode ser influenciada consideravelmente por vestígios de impurezas, mas não pela fase da Lua. Nos casos duvidosos, ele verificará. As correlações, aliás bastante inesperadas, que podem ser introduzidas por agentes inteligentes são também elas suscetíveis de análise.

"Se você é de Leão, terá sorte no jogo e no amor esta semana."

Quais serão, então, as correlações entre o ciclo de Vênus e a vida privada de X, leitor ou leitora de horóscopos? Como vimos, tais correlações não são impossíveis, desde que se faça intervir um agente inteligente (sacerdote maia ou astrônomo louco). Nos demais casos, podemos descartá-las. Os antigos povoaram o Universo com um grande número de "agentes inteligentes" – deuses, demônios ou duendes – de que a ciência fez uma hecatombe. Os deuses morreram... e as intervenções humanas não podem aumentar a "sorte no jogo" de X (os truques não são permitidos). Podemos, portanto, afirmar que ser de Leão e ter sorte no jogo esta semana são acontecimentos independentes, e as estatísticas o confirmam. Que dizer da sorte no amor? Aqui, uma intervenção humana é não só possível como certa: a de X, mesmo se ele (ou ela) for pouco crédulo. Pois somos tais que o fato de acreditarmos que temos "sorte no amor" esta semana aumenta a nossa confiança e, portanto, de fato, a nossa sorte.

Com toda evidência, nossas decisões são muitas vezes irracionais, baseadas em coincidências fortuitas que arvoramos em "signos" ou oráculos. Este comportamento irracional está longe de ser sempre nocivo: evitar passar por baixo de uma escada é superstição, mas também prudência. De resto, a teoria dos jogos mostra que é vantajoso tomar certas decisões de maneira errática. Enfim, é ilusório pensar que poderíamos decidir racionalmente cada uma de nossas ações.

Todavia, ideias corretas sobre as probabilidades permitem evitar certas grandes besteiras. É triste ver perderem dinheiro na loteria as pessoas que menos podem dar-se a esse luxo. Quanto aos horóscopos, confesso que de quando em quando os leio com prazer. Há algo de poesia nessas predições de viagens distantes, de encontros românticos, de heranças fabulosas... e essas profecias são bastante inocentes se não acreditarmos demais nelas. Aliás, podemos indignar-nos quando vemos que certas empresas decidem pelo horóscopo a admissão de seus empregados. Há aí mais do que besteira: essa discriminação "astral" constitui uma desonestidade.

Notas

1. De fato, comprar um bilhete de loteria de vez em quando pode não ser loucura, se obtivermos com isso um prazer adequado. Os tratados de economia discutem a lógica da coisa (e também por que é bom subscrever certos contratos de seguros, mesmo se as companhias têm lucros indecentes). O que vimos é que não devemos esperar enriquecer comprando bilhetes de loteria.

2. Se fizermos um grande número N de experiências independentes, sendo N(A) o número das experiências em que o acontecimento "A" se realiza e N(A e B) o número das experiências em que "A" e "B" se realizam, a probabilidade de "B", sabendo-se que "A" se realizou, deve ser aproximadamente

$$\frac{N(A \text{ e } B)}{N(A)}$$

ou ainda

$$\frac{N(A \text{ e } B)}{N} : \frac{N(A)}{N}$$

ou seja, aproximadamente

$$\text{proba ("A e B")} : \text{proba ("A")}$$

É, portanto, razoável colocar a *definição*

$$\text{proba ("B", sabendo-se que "A" se realizou)} = \frac{\text{proba ("A e B")}}{\text{proba ("A")}}$$

(é o que chamamos de uma *probabilidade condicional*). Se "A" e "B" são independentes, (3) implica que o membro de direita é

$$\frac{\text{proba ("A")} \times \text{proba ("B")}}{\text{proba ("A")}} = \text{proba ("B")}$$

o que demonstra (4).

3. A presente nota discute, de maneira breve e moderadamente técnica, o seguinte problema: como é possível que o tempo que fará esta tarde dependa de maneira hipersensível da posição de Vênus há algumas semanas e, por outro lado, seja

estatisticamente independente dessa posição? Designemos por x um estado inicial do sistema que consideramos, isto é, o Universo, ou mais exatamente uma idealização do Universo, que descreva entre outras coisas a posição de Vênus e o tempo que está fazendo. Se o estado inicial x corresponder à situação de algumas semanas atrás, a situação esta tarde será descrita por um estado $f^t x$. Consideramos aqui f^t *o operador de evolução temporal*; trata-se de uma transformação espacial dos estados de nosso sistema, correspondente à evolução desde algumas semanas atrás até esta tarde. Temos um conjunto A de posições iniciais possíveis. De fato, não podemos conhecer as condições iniciais de nosso sistema com uma absoluta precisão, e admitiremos aqui que não podemos distinguir entre os diversos estados iniciais em A. (Para simplificar, podemos supor que é apenas a posição inicial de Vênus que não é conhecida com total precisão.) As diferentes possibilidades para o tempo que vai fazer esta tarde são descritas por todos os pontos no conjunto $f^t A$. Por causa do fenômeno de dependência hipersensível das condições iniciais, que examinaremos nos próximos capítulos, o conjunto $f^t A$ não permanece pequeno (ao contrário de A) e, de fato, cobre toda espécie de possibilidades diferentes para o tempo que vai fazer esta tarde. Seja agora B o conjunto dos estados que indicam chuva para esta tarde. Uma parte de $f^t A$ está em B e uma parte está fora, e o efeito de Vênus há algumas semanas nos impede, portanto, de dizer se choverá ou não esta tarde. As posições do Universo que mostram chuva esta tarde, e compatíveis com o que sabemos da situação há algumas semanas, são os pontos de intersecção $(f^t A) \cap B$. Que se pode dizer dessa intersecção?

Para ir adiante em nossa discussão, vamos considerar que, em muitas evoluções temporais, existe uma *medida de probabilidade* natural m que não muda sob o efeito da evolução temporal e que descreve a probabilidade de diversos acontecimentos. Por exemplo, $m(f^t A f) = m(A)$ é a probabilidade do acontecimento "A" associado a nossa condição inicial. De resto, $m((f^t A) \cap B)$ é a probabilidade do acontecimento "A" há algumas semanas e "B" esta tarde. Acontece que, em muitos casos, para t grande temos

$$m((f^t A) \cap B) \approx m(A) \times m(B).$$

Esta propriedade, chamada *mistura*, quer dizer que o conjunto $f^t A$ é de tal forma esticado, dobrado sobre si mesmo e, enfim, amarrotado, que a fração desse conjunto que pertence a B é proporcional ao tamanho de B (medido por m(B)).

Se interpretarmos essa propriedade de mistura em termos de probabilidades, veremos que ela dá exatamente o mesmo resultado que supor que a chuva desta tarde e a posição de Vênus há algumas semanas sejam (estatisticamente) independentes. (O fato de que talvez $m(A) = 0$ é um problema técnico do qual podemos nos livrar por meio de uma passagem ao limite.)

A explicação da independência estatística que acabo de esboçar não é uma verdadeira demonstração e, portanto, não satisfará um matemático. Infelizmente, estamos longe de poder fornecer uma demonstração matemática da propriedade de mistura: o problema é difícil demais. Que acham disso os físicos? Eles, de sua parte, não exigirão demonstrações rigorosas, mas perguntarão outras coisas. Perguntarão por que há dependência hipersensível das condições iniciais em nosso problema. Em vez de falar de "algumas semanas", vão querer uma estimativa mais precisa (voltaremos a falar sobre isto nos próximos capítulos). Também vão querer que digamos exatamente o que entendemos por posição de Vênus (se não formos prudentes nesta definição, a posição de Vênus corre o risco de ser correlacionada com a estação, donde uma correlação com as chuvas sazonais). De resto, mais do que tentar demonstrar a propriedade matemática de mistura, tentarão ver como a independência estatística entre a chuva e a posição de Vênus poderia ver-se invalidada. Por exemplo, poderíamos imaginar que um agente inteligente se divirta modificando o tempo, de acordo com suas observações sobre Vênus. Mas, por razões tecnológicas, isso parece difícil. Enfim, se o interesse pelo problema justificasse, os físicos poderiam iniciar uma série de observações e de testes estatísticos sobre a independência da posição de Vênus e do tempo que faz

Nossa discussão deixa pelo menos uma questão aberta: que se entende por um *agente inteligente*? Tudo o que podemos dizer a este respeito é que um agente inteligente introduz correlações que, de outra forma, não esperaríamos. Se você refletir sobre isso, vai sem dúvida admitir que não é uma má caracterização da inteligência.

CAPÍTULO 5

O DETERMINISMO CLÁSSICO

A passagem do tempo é um aspecto essencial de nossa percepção do mundo. Vimos que o *acaso* é outro aspecto essencial de nossa percepção do mundo. Como se articulam esses dois aspectos? Antes de lançar ao ar uma moeda, posso avaliar que as probabilidades de que ela caia cara ou coroa são iguais a 50% cada uma. Em seguida eu lanço a moeda e ela cai, digamos, coroa. Em que momento a moeda decidiu cair coroa? Já levantamos esta pergunta, e a resposta não é muito fácil: encontramo-nos diante de um desses "pedaços de realidade" descritos por várias teorias físicas diferentes, e a conexão entre essas diferentes teorias é um pouco trabalhosa. Já discutimos a teoria que descreve o acaso: é a teoria física das probabilidades. Quanto à descrição do tempo, as coisas começam a se complicar, pois temos pelo menos duas teorias diferentes à nossa disposição: a mecânica *clássica* e a mecânica *quântica.*

Vamos esquecer por um momento nosso jogo de cara ou coroa e falar de mecânica. A ambição da mecânica – seja ela clássica ou quântica – é dizer como evolui o Universo ao longo do tempo. A mecânica deve, portanto, descrever o movimento dos planetas ao redor do Sol e o movimento dos elétrons ao redor do núcleo de um átomo. Mas, ainda que a mecânica clássica dê excelentes resultados para os grandes objetos, é inadequada no nível do átomo e deve ser substituída pela mecânica quântica. A mecânica quântica é, portanto, mais correta do que a mecânica clássica, mas também mais difícil de manejar. De resto, nem a mecânica clássica nem a mecânica quântica se aplicam aos objetos cuja velocidade está próxima da velocidade da luz: neste caso, é preciso apelar para a relatividade de Einstein (relatividade restrita ou relatividade geral, se também quisermos descrever a gravitação).

Mas, dirão vocês, por que determo-nos na mecânica clássica ou quântica? Não seria melhor nos ocuparmos da *verdadeira* mecânica, a que unifica os efeitos quânticos ou relativistas? Afinal, mais do que esta ou aquela idealização clássica ou quântica, o que realmente nos interessa é o Universo tal qual ele é. A questão é importante e merece que nos detenhamos um pouco. Em primeiro lugar, é preciso observar que a *verdadeira mecânica* não está à nossa disposição: não temos hoje em dia uma teoria unificada que dê conta de tudo o que sabemos sobre o mundo físico (relatividade, quanta, propriedades das partículas elementares e gravitação). A esperança de todo físico é ver, um dia, tal teoria em ação, mas ainda não chegamos lá. Mesmo se uma das numerosas teorias já propostas se revelar a certa, por enquanto ela não está "em ação" no sentido de dar conta das massas de partículas elementares, de suas interações etc. Portanto, somos obrigados a utilizar uma mecânica um pouco aproximada. No presente capítulo, utilizaremos a mecânica clássica. Veremos num capítulo ulterior que a mecânica quântica utiliza conceitos físicos menos fáceis de apreender intuitivamente; a discussão das relações da mecânica quântica com o acaso será portanto mais incômoda. Tudo parece indicar que a *verdadeira mecânica* utilizará conceitos físicos muito pouco intuitivos: razão a mais para utilizar a mecânica clássica – de conceitos físicos familiares – para investigar a articulação entre o acaso e o tempo.

Vimos que a ambição da mecânica era dizer como o Universo evolui ao longo do tempo. Entre outras coisas, a mecânica pretende descrever a revolução dos planetas ao redor do Sol, a maneira como se desloca um veículo espacial sob o impulso dos foguetes, e o modo como se escoa um fluido viscoso. Em suma, pretende-se descrever a *evolução temporal* dos sistemas físicos. Foi Newton o primeiro que compreendeu como se pode chegar a isso. Utilizando uma linguagem mais moderna que a de Newton, diremos que o *estado* de um sistema num dado instante é o conjunto das posições e das velocidades dos pontos materiais que constituem o sistema. Assim, é preciso que se deem as posições e as velocidades dos planetas ou do veículo espacial de que se trata, ou as posições e velocidades dos pontos de um fluido viscoso que esteja escorrendo. (Neste último caso, há uma infinidade de pontos e, portanto, também de posições e de velocidades.)

De acordo com a mecânica de Newton, quando se conhece o estado de um sistema físico (posições e velocidades) num instante dado – que chamaremos de instante inicial –, podemos deduzir seu estado em qualquer outro instante. Vou esboçar a maneira como se chega a isso, a qual introduz um conceito novo: o de *forças* que agem sobre o sistema. Para um dado sistema, as forças são a cada instante determinadas pelo estado do sistema nesse instante. Por exemplo, a força de atração gravitacional entre dois corpos celestes é inversamente proporcional ao quadrado de sua distância. Newton indica também como a variação do estado de um sistema ao longo do tempo é determinada pelas forças que agem sobre esse sistema (isso é expresso de maneira precisa pela equação de Newton).[1] Conhecendo o estado de um sistema no instante inicial, podemos calcular como esse estado varia ao longo do tempo e, por conseguinte, como anunciado, determinar o estado do sistema em qualquer outro instante.

Acabo de apresentar, em poucas palavras, esse grande monumento do pensamento que é a mecânica newtoniana, atualmente também chamada de mecânica clássica. Sem dúvida, um estudo sério dessa mecânica requer um instrumental matemático que não podemos apresentar aqui. Mas, mesmo sem entrar nos pormenores matemáticos, podemos fazer algumas observações interessantes sobre a teoria de Newton. Observemos, primeiramente, que ela chocou muito seus contemporâneos. Descartes, em particular, não podia admitir a ideia de "forças a distância" entre os astros, que julgava absurda e irracional. Enquanto, para Newton, a física consistia em colar uma teoria matemática num pedaço de realidade, explicando assim as observações, Descartes achava tal esquema frouxo demais. Ele queria uma explicação *mecanicista* que admitisse forças de contato como a de uma roda dentada que move outra, mas nada de forças a distância. A evolução da física deu razão a Newton mais do que a Descartes. Aliás, que teria pensado este último da mecânica quântica, em que não podemos especificar simultaneamente a posição e a velocidade de uma partícula?

Mas voltemos à mecânica newtoniana e à imagem completamente determinista que ela fornece do mundo: se conhecermos o estado do Universo num instante inicial (de resto arbitrário), poderemos determinar seu estado em qualquer outro momento. Laplace deu ao determinismo uma formulação elegante e célebre, que reproduzo aqui:[2]

> Uma inteligência que, para um instante dado, conhecesse todas as forças de que está animada a natureza, e a situação respectiva dos seres que a compõem, e se além disso essa inteligência fosse ampla o suficiente para submeter esses dados à análise, ela abarcaria na mesma fórmula os movimentos dos maiores corpos do Universo e os do mais leve átomo: nada seria incerto para ela, e tanto o futuro como o passado estariam presentes aos seus olhos. O espírito humano oferece, na perfeição que foi capaz de dar à astronomia, um pequeno esboço dessa inteligência.

Esta citação de Laplace tem um perfume quase teológico e suscita, em todo caso, diversas questões. Que lugar reserva o determinismo ao livre-arbítrio do homem? Que lugar deixa ao acaso? Não queremos descartar completamente o problema do livre-arbítrio, mas vamos examiná-lo um pouco mais adiante. Por enquanto, tratemos do acaso.

À primeira vista, o determinismo laplaciano não reserva nenhum lugar ao acaso: se lanço ao ar uma moeda, as leis da mecânica clássica determinam em princípio, com certeza, se ela cairá cara ou coroa. Como o acaso e as probabilidades desempenham, na prática, um papel importante em nossa compreensão da natureza, podemos ser tentados a rejeitar o determinismo. De fato, como veremos, o dilema acaso/determinismo é amplamente um falso problema. Indicarei brevemente como escapar a ele, deixando aos capítulos seguintes um estudo mais pormenorizado.

Em primeiro lugar, não há incompatibilidade lógica entre acaso e determinismo, já que o estado de um sistema no instante inicial, em vez de ser fixado de maneira precisa, pode ser disposto conforme certa lei de acaso. Se assim for, a qualquer outro instante o sistema terá, também, uma distribuição ao acaso, e essa distribuição poderá ser deduzida da distribuição no momento inicial, graças às leis da mecânica. Na prática, o estado de um sistema no instante inicial nunca é conhecido com uma precisão perfeita, ou seja, sempre se admite um pouquinho de acaso no estado inicial do sistema. Veremos que esse pouquinho de acaso no instante inicial pode proporcionar muito acaso (ou muita indeterminação) num momento ulterior. Notamos assim que, na prática, o determinismo não exclui o acaso. No máximo, pode-se dizer que – se se quiser – há como apresentar a mecânica clássica sem nunca falar de acaso. Veremos mais adiante que isso já não é verdade para a mecânica quântica. Assim, duas idealizações diferentes da realidade podem divergir muito do ponto de vista conceitual, mesmo se suas predições forem praticamente idênticas para uma ampla classe de fenômenos.

As relações entre acaso e determinismo foram objeto de inúmeras discussões e, recentemente, de uma controvérsia acalorada entre René Thom e Ilya Prigogine.[3] As opiniões filosóficas desses dois autores estão em violento conflito, mas deve-se notar que suas divergências de ideias não se estendem aos detalhes dos fenômenos observáveis (o contrário teria sido, talvez, mais interessante). Notemos a afirmação de Thom de que, já que a natureza da ciência é formular leis, todo estudo científico da evolução do Universo desembocará, necessariamente, numa formulação determinista. Observemos, porém, que talvez não se trate do determinismo de Laplace, mas, por exemplo, de leis "deterministas" que governem a evolução de distribuições de probabilidades: não se escapa tão facilmente do acaso! A observação de Thom é, no entanto, importante para o problema do livre-arbítrio em sua relação com o dilema acaso/determinismo. O que Thom nos diz é, em suma, que não podemos esperar resolver o problema do livre-arbítrio pela escolha de uma mecânica em vez de outra, já que toda mecânica é, por essência, determinista.

Eis-me, portanto, levado a abordar a questão espinhosa do livre-arbítrio. De início, gostaria de apresentar brevemente o ponto de vista defendido por Erwin Schrödinger, um dos fundadores da mecânica quântica.[4] O papel deixado ao acaso na mecânica quântica provocou a esperança, nota Schrödinger, de que essa nova mecânica estivesse mais de acordo com nossas ideias sobre o livre-arbítrio do que o determinismo laplaciano. Tal esperança, diz ele, é falaciosa. Em primeiro lugar, observa Schrödinger, o livre-arbítrio dos outros não é problema; não é incômodo ver uma explicação determinista para todas as decisões *deles*. O que cria dificuldades é a contradição aparente entre o determinismo e o *nosso* livre-arbítrio, caracterizado introspectivamente pelo fato de que *várias possibilidades* estão abertas e que comprometemos nossa *responsabilidade* ao escolher uma delas. A introdução do acaso nas leis físicas não nos ajuda, de modo algum, a resolver essa contradição; será que se pode dizer que comprometemos nossa *responsabilidade* ao fazermos uma escolha ao acaso? A liberdade de nossa escolha é, aliás, não raro ilusória. Se vocês assistirem, diz Schrödinger, a um jantar formal, com personalidades importantes e aborrecidas, poderão pensar em saltar sobre a mesa e em dançar quebrando os copos e os pratos, mas não o farão, e neste caso não se pode falar em exercício do livre-arbítrio. Em outros casos, uma escolha é realmente feita, responsável, talvez dolorosa: tal escolha certamente não tem as características do acaso. Concluindo, o acaso não nos ajuda a compreender o livre-arbítrio, e Schrödinger afirma que não vê contradição entre o livre-arbítrio e o determinismo da mecânica, seja ela clássica ou quântica.

Ligado ao livre-arbítrio está o velho problema teológico da *predestinação*. Decidiu Deus de antemão quais almas seriam salvas e quais seriam condenadas? A questão é de grande importância para as religiões cristãs. O que neste caso se opõe ao livre-arbítrio humano não é o determinismo da mecânica, e sim a onisciência e a onipotência de Deus. Rejeitar a predestinação parece limitar os poderes do Todo-Poderoso, mas aceitá-la parece tornar fútil qualquer esforço moral. A doutrina da predestinação foi defendida por Santo Agostinho (354-430), por Santo Tomás de Aquino (1225-1274), pelo reformador protestante Jean Calvin (1509-1564) e pelos jansenistas do século XVII. A Igreja católica, oficialmente, foi prudente e evitou tomar uma decisão em favor das ideias mais radicais sobre a predestinação. Hoje as discussões sobre a predestinação, que antigamente foram tão centrais na vida intelectual, nos parecem distantes. As poeiras do esquecimento recobrem as milhares de páginas de discussões teológicas em latim medieval. Os antigos problemas não foram resolvidos, mas seu sentido se dissipa, eles são esquecidos, desaparecem...

Minhas próprias ideias sobre o livre-arbítrio estão ligadas a problemas de *calculabilidade*, que discutiremos em capítulos ulteriores. Tentemos resolver o seguinte paradoxo: alguém, a quem chamaremos o *preditor*, utiliza o determinismo das leis físicas para predizer o futuro, e em seguida utiliza seu livre-arbítrio para contradizer suas próprias predições. Trata-se de um paradoxo que se manifesta de maneira aguda em certos romances de ficção científica, em que o preditor é capaz de analisar o futuro com incrível precisão. Como resolver esse paradoxo? Podemos abandonar quer o determinismo, quer o livre-arbítrio, mas existe uma terceira possibilidade: podemos negar que quem quer que seja tenha poder preditivo suficiente para criar um paradoxo. Notemos que nosso preditor deve violar suas próprias predições acerca de um determinado sistema, mas para agir sobre esse sistema ele próprio deve fazer parte do sistema. Isto implica que o sistema é, sem dúvida, bastante complicado. Assim, a predição precisa do futuro do sistema deve requerer um enorme poder de cálculo, ultrapassando, pois, as possibilidades de nosso preditor. O raciocínio que acabo de apresentar é, admito, um pouco sumário. Mas creio que ele identifica a razão (ou uma das razões) pela qual não podemos controlar o futuro. O teorema da incompletude de Gödel refere-se a uma situação semelhante (mas num quadro muito mais determinado). Também ali a análise de um paradoxo permite mostrar que não podemos decidir se certas asserções são verdadeiras ou falsas, porque a tarefa de chegar a uma decisão é infinitamente longa. Em suma, o que explica nosso livre-arbítrio e faz dele uma noção útil é a complexidade do Universo ou, mais precisamente, nossa própria complexidade.

Notas

1. *Equação de Newton*

Consideremos N pontos materiais de massas $m_1,\ldots,m_N$ (números positivos) e de posições $x_1,\ldots,x_N$ (vetores de 3 dimensões). A equação de Newton escreve-se então

$$m_i \frac{d^2}{dt^2} x_i = F_i \quad \text{para } i = 1,\ldots,N$$

onde o vetor F_i é a força sobre a i-ésima partícula. Falamos da equação de Newton, no singular, embora haja de fato 3N equações (cada x_i tem 3 coordenadas). A *força gravitacional* é dada por

$$F_i = \gamma \sum_{j \neq i} m_i m_j \frac{x_j - x_i}{|x_j - x_i|^3}$$

onde γ é a *constante de gravitação.* É a força utilizada, por exemplo, no estudo do movimento dos planetas ao redor do Sol. Se as posições x_i e as velocidades dx_i/dt são conhecidas num certo instante inicial, podemos em princípio determiná-las em qualquer outro instante, a partir da equação de Newton. Digo *em princípio*, porque a existência e a unicidade das soluções da equação de Newton não são garantidas para todas as condições iniciais. Além disso, quando N vale 3 ou mais, as soluções não podem ser obtidas sob forma analítica explícita, e seu estudo se torna muito delicado.

2. P. S. Laplace, *Essai philosophique sur les probabilités*, Paris: Courcier, 1814.

3. R. Thom, Halte au hasard, silence au bruit (mort aux parasites); Edgar Morin, Au-delà du déterminisme: le dialogue de l'ordre et du désordre; Ilya Prigogine, Loi, histoire... et désertion. Estes artigos foram primeiramente publicados em *Le Débat* em 1980 (n. 3 e n. 6), e Thom omitiu o "morte aos parasitas" na versão impressa. Essas contribuições e mais algumas outras estão agora acessíveis na obra coletiva *La querelle du déterminisme*. Philosophie de la science d'aujourd'hui, Paris: Gallimard, 1990.

4. E. Schrödinger, Indeterminism and free will, *Nature*, July 4, 1936, p. 13-4. Este artigo foi reproduzido em E. Schrödinger, *Gesammelte Abhandlungen*, Viena: Vieweg, 1984, v. 4, p. 364-5.

CAPÍTULO 6

JOGOS

Os dados normais têm seis faces equivalentes, numeradas de 1 a 6. Para obter números ao acaso, seria prático ter dados de dez faces equivalentes numeradas de 0 a 9. De fato, não existe poliedro regular de dez faces, mas há um de vinte faces (o icosaedro), e podemos inscrever o mesmo algarismo em faces opostas. Um lance de dados produzirá um algarismo de 0 a 9, e cada algarismo tem a mesma probabilidade de 1/10 de aparecer. Podemos, aliás, arrumar as coisas para que os lances sucessivos sejam independentes e desta maneira obter uma série de algarismos aleatórios independentes. A teoria probabilista deste jogo de dados permite-nos calcular diversas probabilidades, como vimos anteriormente. Por exemplo, a probabilidade de que a soma de três algarismos sucessivos seja 2 é de 6/1 000.[1]

Tudo isso não é muito excitante, e talvez vocês fiquem surpresos ao saber que existem listas impressas de "números aleatórios", ou seja, listas de números como estes a que nos referimos. Por exemplo, 7213773850327333562180647... Possuir tal lista pode parecer algo notavelmente inútil. Mas a pequena excursão que agora vamos fazer pela *teoria dos jogos* vai nos provar exatamente o contrário.

Eis aqui um jogo muito conhecido. Eu tenho uma bolinha que coloco (por trás das costas) na mão direita ou na esquerda. Em seguida eu mostro minhas duas mãos fechadas e você tem de adivinhar em qual delas a bolinha está escondida. Repetimos o jogo certo número de vezes, anotando o resultado. No final, contamos quantas vezes você ganhou ou perdeu, e acertamos a diferença em dinheiro, cerveja ou de alguma outra forma. Suponho que nós dois tentemos ganhar e que nós dois sejamos extremamente espertos. Se eu colocar sempre a bolinha na mesma mão, ou se alternar regularmente, logo você vai perceber e ganhará. De fato, você vai acabar por descobrir qualquer estratégia que eu possa aplicar mecanicamente. Isso quer dizer que você vai, necessariamente, ganhar sempre? Não! Se eu colocar a bolinha ao acaso em cada mão com a probabilidade 1/2, e se minhas escolhas sucessivas forem independentes, você fará uma escolha correta aproximadamente uma vez a cada duas e, em média, você nem ganhará nem perderá.

O fato de que sua escolha seja correta aproximadamente uma vez em duas (ou seja, com probabilidade 1/2) é bastante claro. Isso resulta de que a sua escolha e a escolha da mão em que coloquei a bolinha são *acontecimentos independentes*. Repare-se que não basta que eu coloque a bolinha em minha mão esquerda ou direita "mais ou menos ao acaso". Toda preferência por uma mão ou toda correlação entre as escolhas sucessivas serão utilizadas contra mim e permitirão que você ganhe a longo prazo.

Evidentemente, se eu for muito esperto, poderei induzi-lo a fazer más escolhas e perder. Mas você facilmente evitará essa situação, fazendo suas escolhas ao acaso.

Surge agora a questão de saber como vou fazer escolhas sucessivas independentes de minha mão esquerda ou direita com probabilidade 1/2. Pois bem, se eu tiver uma lista de números aleatórios, posso decidir que um número par corresponde à mão direita e um número ímpar à mão esquerda. É preciso, porém, não esquecer uma coisa essencial: minha escolha de mão e a sua devem ser acontecimentos independentes. Você não deve, portanto, ter conhecimento da lista de números aleatórios que eu utilizo, e eu não devo dar-lhe nenhuma indicação sobre a mão na qual coloco a bolinha. Em particular, não devo emitir nenhuma mensagem telepática que possa ajudá-lo em sua escolha. Quanto a este último ponto, foram feitas experiências (do tipo, exatamente, do jogo de que estamos tratando), e elas não foram favoráveis à existência da telepatia.

Afinal de contas, uma lista particular de números aleatórios parece, então, ser algo útil de se ter. Resta saber como obter uma dessas listas; voltaremos a este problema. Por enquanto, porém, vamos examinar mais de perto a teoria dos jogos.

A utilidade de um comportamento aleatório em certos jogos (ou situações de conflito) é uma observação importante do ponto de vista tanto prático quanto filosófico. (Deve-se esta observação ao matemático francês Émile Borel e ao húngaro-americano Johann von Neumann.) Evidentemente, é bom reagir de maneira previsível quando cooperamos com alguém. Mas, numa situação competitiva, um comportamento aleatório e imprevisível pode ser a melhor estratégia.

Consideremos um jogo entre duas pessoas (você e eu), em que cada um tem a escolha entre vários "lances" possíveis e toma sua decisão sem saber o que faz o outro. Em consequência das duas escolhas, certa soma é ganha por um, soma esta que deve ser paga pelo outro. Por exemplo, devo escolher entre dois lances: colocar uma bolinha na mão direita ou na mão esquerda. E dois lances estão à sua disposição: escolher uma de minhas mãos. Conforme você tiver adivinhado certo ou tiver se enganado, você vai receber de mim ou vai me dar seja um franco, seja qualquer outro pagamento combinado.

Passemos a um jogo mais militar. Você está num pequeno avião que sobrevoa um campo de batalha, e lança algumas bombas tentando me atingir. Por meu lado, eu me escondo num abrigo, e naturalmente tento escolher o melhor abrigo acessível para me ocultar. Mas, naturalmente, você vai escolher o melhor abrigo para bombardeá-lo... Nessas condições, não seria melhor que eu me escondesse num abrigo não tão bom? Se somos ambos muito espertos, utilizaremos estratégias probabilistas. De minha parte, calcularei para as probabilidades de me esconder em diversos abrigos os valores que me oferecem globalmente as maiores chances de sobreviver. Em seguida, jogarei cara ou coroa, ou então utilizarei uma tábua de números aleatórios, para decidir onde me esconderei. Você, por sua vez, também vai calcular certas probabilidades e vai utilizar uma fonte de números aleatórios para decidir onde lançar suas bombas com maior probabilidade de me atingir. Tudo isso carece um pouco de bom senso? No entanto, é assim que agiremos se formos ambos muito espertos e se agirmos "racionalmente". De resto, você pode melhorar sua pontuação se tiver informações sobre o lugar onde me escondo, e deve, em compensação, me impedir de conhecer seus planos de bombardeio.

Na vida cotidiana, você encontrará inúmeros exemplos em que seu patrão, seu parceiro ou seu governo tentam manipulá-lo. Eles lhe propõem um jogo sob a forma de uma escolha entre várias possibilidades, das quais uma parece claramente preferível. Você a escolhe, propõem-lhe um novo jogo, e assim por diante. Muito rapidamente, de escolha razoável em escolha razoável, você se vê numa situação que não lhe agrada de modo algum: você caiu na armadilha. Para evitar isso, lembre-se de que agir um pouco ao acaso, de maneira errática e imprevisível, pode ser a melhor estratégia. O que você perder por escolhas aquém do nível ótimo recuperará amplamente conservando um pouco de liberdade.

Aliás, não basta agir ao acaso, é preciso fazê-lo de acordo com uma estratégia probabilista precisa, envolvendo probabilidades que pretendemos calcular agora. Determinamos um jogo particular, com um quadro de ganhos (ou pagamentos) do seguinte tipo:

		Sua escolha			
		1	2	3	4
Minha escolha	1	0	1	3	1
	2	-1	10	4	2
	3	7	-2	3	7

Eu disponho de várias escolhas possíveis (digamos três), você dispõe de várias escolhas possíveis (digamos quatro), e nós fazemos nossas escolhas independentemente. (Essas escolhas são do tipo esconder-se em certo abrigo ou escolher uma carta do baralho.) Quando tivermos feito nossa escolha, receberei um pagamento determinado pelo quadro acima. Por exemplo, para minha escolha 2 e sua escolha 4, receberei dois francos, que você me pagará. Se eu escolher 3 e você 2, receberei menos dois francos, ou seja, terei de lhe pagar dois francos.

Suponhamos que eu faça as minhas três escolhas com certas probabilidades e que você faça as suas quatro com certas probabilidades. Todas essas probabilidades determinam um certo ganho médio que tentarei tornar máximo, ao passo que você tentará torná-lo mínimo (utilizando cada um de nós as probabilidades à disposição). Em 1928, J. von Neumann demonstrou que o meu máximo do seu mínimo é igual ao seu mínimo do meu máximo. É o famoso teorema do minimax.[2] O que isso significa é que, sendo ambos muito espertos, estaremos exatamente de acordo sobre a extensão de nosso desacordo.

De acordo com o teorema do minimax, resta determinar as probabilidades de minhas escolhas e de suas escolhas, e meu ganho médio. Sem entrar nos pormenores (ver a nota 2), observemos que se trata de um problema de um tipo geral chamado *programação linear*, e que ele não é muito difícil de resolver quando o número de escolhas à minha e à sua disposição é pequeno. Se o quadro dos ganhos é de grandes dimensões, o problema torna-se mais difícil. Veremos no capítulo 22 como se avalia a dificuldade de um problema como este.

Resumamos este capítulo: a teoria dos jogos mostra-nos que é útil ter uma fonte de números aleatórios à nossa disposição. Mas talvez vivamos num Universo determinista onde nada acontece ao acaso. Que fazer então? Podemos lançar um dado ou uma moeda e afirmar que, sob condições operatórias apropriadas, isso nos proporciona boas sequências aleatórias. Mas, cedo ou tarde, teremos de abordar o problema de saber como o acaso se introduz nessas sequências. É uma questão um tanto complicada, e precisaremos de vários capítulos para lançar alguma claridade sobre ela.

Notas

1. A probabilidade de que 3 números sucessivos tenham valores dados i, j, k é

$$\frac{1}{10} \times \frac{1}{10} \times \frac{1}{10} = \frac{1}{1\,000}$$

pois se trata de 3 acontecimentos independentes com probabilidades 1/10 e podemos aplicar a regra (3) do capítulo 3. Para que i + j + k = 2, existem as possibilidades seguintes: (i, j, k) = (0, 1, 1) ou (1, 0, 1) ou (1, 1, 0) ou (2, 0, 0) ou (0, 2, 0) ou (0, 0, 2) e essas 6 possibilidades são incompatíveis. Portanto, a probabilidade de que i + j + k = 2 seja dada pela regra (2) do capítulo 3 é de 6 x 1/1 000 = 6/1 000.

2. O *teorema do minimax*

Vamos examinar uma classe particular de jogos, que são os *jogos finitos binários de soma zero*. Um jogo é binário se tem dois jogadores A e B. O jogo consiste numa escolha de A entre M opções (marcadas 1, ..., M) e uma escolha independente de B entre N opções (marcadas 1, ..., N). O fato de termos um jogo finito quer dizer que M e N são finitos. A escolha de i pelo jogador A e de j pelo jogador B provoca um pagamento K_{ij} ao jogador A e $-K_{ij}$ ao jogador B. O fato de termos um jogo de soma zero significa que a quantidade K_{ij} ganha por um jogador é perdida pelo outro. Suponhamos agora que os jogadores A e B escolham suas opções respectivamente com as probabilidades $p_1, \ldots, p_M$ e $q_1, \ldots, q_N$. O ganho médio do jogador A é, então,

$$\sum_{i=1}^{M} \sum_{i=1}^{N} K_{ij}\, p_i q_j$$

enquanto o ganho médio do jogador B é menos essa quantidade. O jogador A vai escolher as p_i de maneira que seu ganho médio seja tão grande quanto possível para a escolha mais desfavorável dos q_j pelo jogador B. Isso dá

$$\min_{(q_{1,\ldots,}q_N)} \max_{(p_{1,\ldots,}p_M)} \sum_i \sum_j K_{ij}\, p_i q_j \qquad (1)$$

A quantidade correspondente para o jogador B é

$$\min_{(p_{1,\dots,}p_M)} \max_{(q_{1,\dots,}q_N)} \sum_i \sum_j (-K_{ij})\, p_i q_j =$$

$$-\max_{(p_{1,\dots,}p_M)} \min_{(q_{1,\dots,}q_N)} \sum_i \sum_j K_{ij}\, p_i q_j \qquad (2)$$

O teorema do minimax diz que (2) é igual a menos (1), ou seja, que

$$\min \max \sum_i \sum_j K_{ij} p_i q_j = \max \min \sum_i \sum_j K_{ij} p_i q_j \qquad (3)$$

Nessas fórmulas, o min e o max são tomados supondo sempre $p_1, \dots, p_M, q_1, \dots, q_N \geq 0$ e $\Sigma\ p_i = \Sigma\ q_j = 1$.

Observe-se que, se os jogadores A e B, em vez de apelarem para estratégias probabilistas, se contentarem com estratégias *puras*, não haverá teorema do minimax, já que em geral

$$\min_j \max_i K_{ij} \neq \max_i \min_j K_{ij}$$

Nestas condições, o que acontece é que um dos jogadores considera vantajoso adotar uma estratégia probabilista.

O teorema do minimax é de autoria de Johann von Neumann [J. v. Neumann e O. Morgenstern, *Theory of games and economic behavior*, Princeton, NJ: Princeton University Press, 1944].

Como se obtêm o valor K do minimax (3) e os p_i, q_j que definem as estratégias optimais para os jogadores A e B? Essas quantidades são determinadas pelas seguintes condições *lineares*:

$$p_i \geq 0, \sum_i K_{ij} q_i \geq K \text{ para } = 1, \dots, M$$

$$q_i \geq 0, \sum_i K_{ij} q_i = K \text{ para } j = 1, \dots, N$$

$$\sum_i p_i = \sum_j q_i\ 1$$

Achar uma solução para um sistema como esse, de equações e de inequações lineares, é um problema de *programação linear*.

No caso particular do quadro dos ganhos explicitado no texto, temos

$P_1 = 0$, $p_2 = 0{,}45$, $p_3 = 0{,}55$, $q_1 = 0{,}6$, $q_2 = 0{,}4$, $q_3 = q_4 = 0$, $K = 3{,}4$

CAPÍTULO 7

DEPENDÊNCIA HIPERSENSÍVEL DAS CONDIÇÕES INICIAIS

Você conhece a história do inventor do jogo de xadrez. Ao Rei, que queria recompensá-lo, esse sábio pedira que se colocasse um grão de arroz na primeira casa do tabuleiro, dois na segunda, quatro na terceira e assim por diante, dobrando o número de grãos de arroz a cada casa. O Rei pensou, no começo, que aquela era uma recompensa modestíssima, mas teve de admitir que a quantidade de arroz necessária era tão enorme que nem ele nem nenhum rei no mundo podia fornecê-la. Isso é fácil de verificar: se dobramos uma quantidade dez vezes, multiplicamo-la por 1 024, em vinte vezes, multiplicamo-la por mais de um milhão etc...

Se uma quantidade cresce de tal modo que dobra ao cabo de certo tempo, e depois dobra de novo depois do mesmo intervalo de tempo, e assim por diante, dizemos que essa quantidade *cresce exponencialmente.* Como acabamos de ver, ela logo será enorme. O crescimento exponencial chama-se também *crescimento de taxa constante.* Assim, se depositarmos certa quantia no banco a uma taxa constante de 5%, a soma dobrará em um pouco mais de 14 anos (contanto que possamos nos esquecer dos impostos e da inflação). Este tipo de crescimento é bastante natural e comumente se observa no mundo que nos cerca ... mas nunca dura muito tempo.

Vamos utilizar a ideia de crescimento exponencial para compreender o que se passa quando vocês tentam colocar um lápis em equilíbrio sobre a sua ponta. Salvo algum truque, vocês não vão ter sucesso, evidentemente. De fato, o lápis nunca é deixado exatamente em equilíbrio, e todo desvio o fará cair de um lado ou de outro. Se estudarmos a queda do lápis por intermédio das leis da mecânica clássica (o que não vamos fazer), vemos que ele cai exponencialmente rápido (aproximadamente, e pelo menos no início da queda). Assim, o desvio do lápis relativamente ao equilíbrio será multiplicado por dois em certo intervalo de tempo, depois novamente por dois no intervalo de tempo seguinte, e assim por diante, e logo o lápis estará estendido sobre a mesa.

Nossa discussão sobre o lápis fornece um exemplo de *dependência hipersensível das condições iniciais.* Isso quer dizer que uma pequena mudança no estado do sistema no tempo zero (uma pequena mudança de posição e velocidade iniciais do lápis) produz uma mudança ulterior que cresce exponencialmente com o tempo. Portanto, uma pequena causa (empurrar ligeiramente o lápis para a direita ou para a esquerda) tem um grande efeito. Somos tentados a pensar que, para que tal coisa ocorra (que uma pequena causa tenha um grande efeito), é preciso um estado excepcional no tempo zero, como o equilíbrio instável de um lápis sobre a sua ponta. A verdade é o contrário: *muitos sistemas físicos dependem de maneira hipersensível das condições iniciais, quaisquer que sejam essas condições iniciais*. Em outras palavras, qualquer que seja o estado do sistema no tempo zero, se o "empurrarmos" um pouco para a direita ou um pouco para a esquerda, resultarão disso importantes efeitos a longo prazo. Isto é um tanto contrário à intuição, e foi preciso certo tempo para os matemáticos e os físicos compreenderem bem como as coisas se passam.

Vamos agora examinar um outro exemplo, de um jogo de bilhar com obstáculos redondos (ou convexos). Como sempre fazem os físicos, idealizaremos um pouco o sistema: desprezaremos o atrito, os "efeitos" (devidos à rotação da bola), e suporemos que as colisões são *elásticas*. O que nos interessa é o movimento do centro de uma bola de bilhar. Enquanto não há colisão, esse movimento é retilíneo e uniforme. Quando há colisão com um obstáculo, tudo se passa como se o centro da bola fosse refletido por um obstáculo maior (maior justamente por considerarmos o raio da bola – ver a Figura 1). A trajetória do centro da bola é refletida exatamente da mesma maneira que um raio luminoso é refletido por um espelho (assim se exprime geometricamente o fato de que a colisão é elástica). A analogia do espelho vai nos permitir abordar agora o problema das mudanças de condições iniciais no problema do bilhar.

Suponhamos que temos sobre a mesma mesa de bilhar uma bola real e uma bola imaginária, inicialmente no mesmo lugar. Empurramos simultaneamente as duas bolas em direções ligeiramente diferentes, mas com a mesma velocidade. As trajetórias da bola real e da bola imaginária formam, portanto, certo ângulo, a que chamaremos pomposamente ângulo *alfa*. Vê-se também que a distância entre as duas bolas será proporcional ao tempo. É preciso notar que esse crescimento proporcional ao tempo não é o explosivo crescimento exponencial que examinamos anteriormente. Se o centro da bola real e o centro da bola imaginária tiverem, depois de um segundo, uma distância de um mícron (um milésimo de milímetro), sua distância depois de vinte segundos será apenas de vinte mícrons (o que ainda é muito pouco).

Se pensarmos um pouco, veremos que um reflexo sobre um lado reto da mesa de bilhar não traz nada de novo: as trajetórias refletidas formam o mesmo ângulo *alfa* que antes, e a distância entre a bola real e a bola imaginária permanece sendo proporcional ao tempo. Lembremo-nos de que o reflexo da bola num lado da mesa de bilhar obedece às mesmas leis que o reflexo da luz num espelho: enquanto o espelho for reto, nada de extraordinário se passa.

Mas dissemos que havia obstáculos redondos na mesa de bilhar, e estes correspondem a espelhos convexos. Como vocês sabem, as imagens refletidas por um espelho convexo são bastante diferentes das que observamos com um espelho plano. A situação é analisada nos cursos de óptica e vemos que se passa fundamentalmente o seguinte: se se enviar um feixe de luz de ângulo *alfa* a um espelho convexo, o feixe de luz refletido terá um ângulo diferente – chamemo-lo *alfa linha* – maior do que *alfa*. Para simplificar as coisas, suporemos que o ângulo *alfa linha* é igual a duas vezes o ângulo *alfa*. (É uma simplificação um pouco excessiva, como veremos mais adiante.)

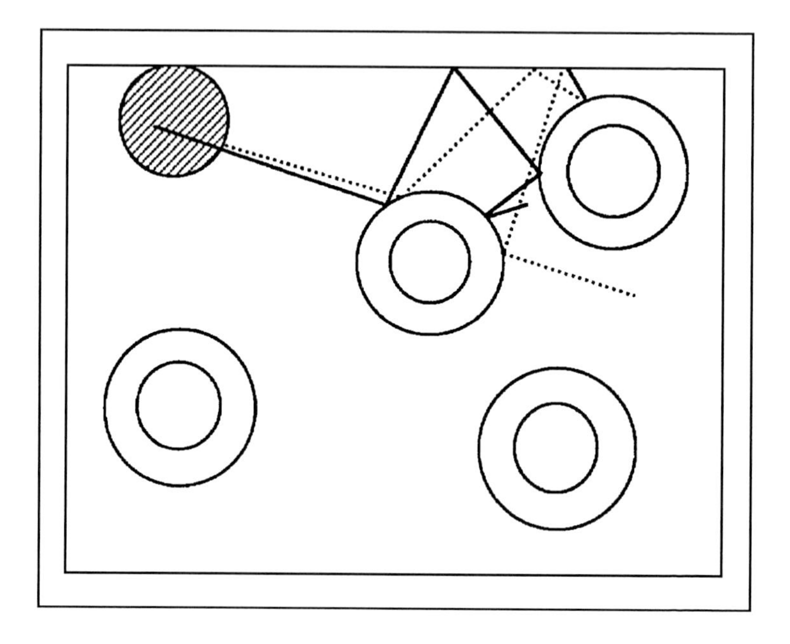

FIGURA 1 – Uma mesa de bilhar com obstáculos convexos. A bola parte do canto inferior esquerdo e seu centro segue a linha contínua. Uma bola imaginária parte numa direção ligeiramente diferente (linha pontilhada). Depois de algumas colisões, as duas trajetórias não têm mais nada a ver uma com a outra.

Voltemos à nossa mesa de bilhar, com obstáculos redondos, e a nossas duas bolas, uma real e outra imaginária. Inicialmente, as trajetórias das duas bolas formam um ângulo *alfa* e esse ângulo não muda pelo reflexo num lado reto da mesa de bilhar. Mas, depois de um choque contra um obstáculo redondo, as trajetórias divergem e formam um ângulo *alfa linha* igual a duas vezes o ângulo inicial *alfa*. Depois de um novo choque contra um obstáculo redondo, as trajetórias divergirão com um ângulo 4 *alfa*. Depois de dez choques, o ângulo será multiplicado por 1 024, e assim por diante. Se tivermos um choque por um segundo, o ângulo entre as trajetórias da bola real e da bola imaginária crescerá exponencialmente com o tempo. De fato, é fácil mostrar matematicamente[1] que a distância entre as duas bolas vai crescer também exponencialmente com o tempo (enquanto não se tornar grande demais): *temos uma dependência hipersensível das condições iniciais.*

Conforme o que dissemos, a distância entre o centro da bola real e o centro da bola imaginária deve dobrar a cada segundo. Portanto, depois de dez segundos, uma distância inicial de um mícron tornou-se uma distância de 1 024 mícrons, cerca de um milímetro. E depois de vinte (ou de trinta) segundos, a distância seria de mais de um metro (ou de mais de um quilômetro)! Isso é evidentemente absurdo, dadas as dimensões da mesa de bilhar. Onde está o erro? O erro é ter simplificado excessivamente a nossa análise: supusemos que, depois de refletido por um obstáculo redondo, o ângulo das trajetórias das duas bolas de bilhar era multiplicado por dois (aproximadamente), *mas permanecia pequeno.* De fato, depois de certo tempo, o ângulo se torna grande, as trajetórias se afastam e, enquanto uma das bolas se choca contra um obstáculo, a outra passa reto.

É hora de resumir o que aprendemos a respeito do movimento de uma bola sobre uma mesa de bilhar com obstáculos redondos. Se observarmos simultaneamente o movimento de uma bola real e de uma bola imaginária com condições iniciais ligeiramente diferentes, veremos que *normalmente* suas trajetórias se separam exponencialmente com o tempo até que uma das bolas se choca contra um obstáculo enquanto a outra passa reto. A partir desse momento, os dois movimentos já não têm nada a ver um com o outro. Para ser honesto, é preciso dizer que existem condições iniciais excepcionais para a bola imaginária, que fariam com que ela não se afastasse da bola real: por exemplo, a bola imaginária poderia seguir a mesma trajetória que a bola real, mas um milímetro atrás dela. Em geral, porém, as duas trajetórias divergem como dissemos.

A discussão do bilhar, tal como acabo de apresentá-la, era uma discussão *heurística*. Isto quer dizer que tornei as coisas plausíveis, mas sem dar a verdadeira demonstração. Seguindo as mesmas ideias, podemos também, e isto é importante, fazer uma análise matematicamente rigorosa do bilhar com obstáculos convexos. Esta análise, que é difícil, foi realizada pelo russo Yakov G. Sinai,[2] seguido por outros matemáticos. Em geral, a discussão matemática dos sistemas com dependência hipersensível das condições iniciais não é fácil. Isso pode explicar por que o interesse dos físicos por esses sistemas é relativamente recente.

Notas

1. A velocidade de crescimento (= derivada temporal) da distância entre a bola real e a bola imaginária é proporcional (em primeira aproximação) ao ângulo entre as trajetórias. Portanto, a distância entre as duas bolas é avaliada pela integral de uma exponencial que é, também (salvo uma constante aditiva), uma exponencial:

$$\int_0^t Ae^{\alpha s}\,ds = \frac{A}{\alpha}(e^{\alpha t}-1)$$

Evidentemente, a hipótese de uma colisão por segundo é só aproximada e, mesmo se a aceitarmos, o crescimento do ângulo não é exatamente exponencial. Mas a limitação essencial do argumento é que ele só se aplica a pequenas distâncias entre as bolas.

2. Ya. G. Sinai, Systèmes dynamiques avec réflexions élastiques, *Uspekhi Mat. Nauk*, v. 25, n.2, p. 137-91, 1970. Esta primeira publicação (em russo, e muito técnica) foi seguida de muitas outras, de diversos autores.

CAPÍTULO 8

HADAMARD, DUHEM E POINCARÉ

Espero tê-lo convencido, no capítulo anterior, de que o percurso de uma bola sobre uma mesa de bilhar com obstáculos convexos dá lugar a um fenômeno um tanto estranho. Suponhamos que eu modifique a condição inicial, substituindo a posição e a velocidade real da bola por posição e velocidade imaginárias ligeiramente diferentes. Então, a trajetória real e a trajetória imaginária, que de início estavam muito próximas, começarão a divergir cada vez mais rapidamente, até que, logo, elas não tenham mais nada a ver uma com a outra. É o que chamamos dependência hipersensível relativamente às condições iniciais. Conceitualmente, é uma descoberta importantíssima. É verdade que o movimento de nossa bola de bilhar é determinado, sem ambiguidade, pela condição inicial, e no entanto estamos fundamentalmente limitados na predição de sua trajetória. Temos ao mesmo tempo determinismo e imprevisibilidade a longo prazo. De fato, nosso conhecimento da condição inicial está sempre afetado por certa imprecisão: não somos capazes de distinguir a condição inicial real de inúmeras condições iniciais imaginárias que estão próximas a ela. E não sabemos, por conseguinte, qual das predições possíveis é correta. Mas, se não podemos predizer o movimento de uma bola de bilhar, que dizer do movimento dos planetas? Da evolução da meteorologia? Da sorte dos impérios? Estas são perguntas interessantes e suas respostas, como veremos, são diversas. O movimento dos planetas é previsível em séculos, mas as previsões meteorológicas úteis são limitadas a uma ou duas semanas. Quanto à sorte dos impérios e à história da humanidade, é muito ambicioso falar a seu respeito, mas algumas conclusões são possíveis, e essas conclusões são favoráveis à impreditibilidade. Podemos compreender o entusiasmo dos pesquisadores quando viram que a análise de todos esses problemas agora lhes era acessível.

Devemos, porém, ser prudentes, e talvez você queira esclarecer certos pontos a respeito do bilhar, antes de permitir que eu especule sobre a preditibilidade do futuro da espécie humana.

Por exemplo, ao estudar o movimento de uma bola de bilhar, desprezamos o atrito. Tínhamos o direito de fazer essa aproximação? Este gênero de problema se coloca constantemente na física: são permitidas as idealizações que utilizamos? A resposta depende da questão precisa que se coloca. Neste caso, a presença do atrito implica que a bola acabará por se deter. Mas, se ela se detém muito tempo depois que o movimento se tornou impreditível, praticamente, podemos supor que não havia atrito. (Na verdade, a teoria do bilhar com obstáculos convexos apresentada por nós tem a vantagem de ser bastante fácil de se analisar, mas sua aplicação a um bilhar real provocaria sérias dificuldades.)

Devemos enfrentar agora um problema mais sério: qual é a generalidade do fenômeno de dependência hipersensível das condições iniciais? Nós analisamos um sistema particular, o bilhar com obstáculos convexos, e chegamos à conclusão de que um pouco de incerteza inicial levava à impreditibilidade a longo prazo do futuro do sistema. Esta situação é habitual ou excepcional? O que chamamos *sistema* é ou um sistema mecânico sem atrito, ou um sistema com uma fonte de energia para substituir a que se dissipa com o atrito, ou ainda um sistema mais geral com componentes elétricos, químicos etc. O que importa é que temos uma evolução temporal *determinista* bem definida. Os matemáticos dizem, então, que temos um *sistema dinâmico*. Os planetas a girar ao redor de uma estrela compõem um sistema dinâmico (idealizado como sistema mecânico sem atrito). Um fluido viscoso no qual gira uma hélice também é um sistema dinâmico (*dissipativo* neste caso, pois há um atrito interno, chamado dissipação, no fluido viscoso). E se encontrarmos uma evolução temporal determinista que idealize de maneira adequada a história da humanidade, ela será, também, um sistema dinâmico.

Porém, voltemos à nossa pergunta: a dependência hipersensível das condições iniciais é exceção ou regra para os sistemas dinâmicos? A evolução temporal é ou não preditível a longo prazo, em geral? De fato, há diversas possibilidades. Em certos casos (por exemplo, o de um pêndulo com atrito), não há dependência hipersensível das condições iniciais (podemos predizer com precisão como o pêndulo será freado e evoluirá para um estado de repouso).

Em outros casos, temos dependência hipersensível das condições iniciais (é o caso, entre outros, do bilhar com obstáculos convexos). Finalmente, muitos sistemas dinâmicos têm um comportamento misto, em que a predição a longo prazo é possível para certas condições iniciais, mas não para outras.

Você talvez fique decepcionado ao ver que existem todas essas possibilidades. Mas imagine que poderemos vir a dizer quando há dependência hipersensível das condições iniciais, e por quanto tempo podemos confiar nas predições sobre a evolução possível de um sistema. É claro que, então, teremos aprendido algo de útil acerca da natureza desse sistema.

Gostaria agora de ter uma rápida visão histórica sobre o problema da dependência hipersensível das condições iniciais. Nossos antepassados descobriram, há muito tempo, que o futuro era difícil de prever e que pequenas causas podiam ter grandes efeitos. O que é relativamente novo é a demonstração de que, para certos sistemas, uma pequena mudança na condição inicial leva *habitualmente* a uma mudança tal da evolução ulterior do sistema que as predições a longo prazo se tornam completamente vãs. Esta demonstração foi feita no final do século XIX pelo matemático francês Jacques Hadamard[1] (com cerca de trinta anos na época; aliás, ele viveu bastante tempo e só morreu em 1963).

O sistema considerado por Hadamard é uma espécie de bilhar retorcido, em que a superfície plana da mesa é substituída por uma *superfície de curvatura negativa.*[2] Ele se interessa pelo movimento de um ponto ligado à superfície, sobre a qual esse ponto se desloca sem atrito. O bilhar de Hadamard é, portanto, o que chamamos, em termos técnicos, o *fluxo geodésico* sobre uma superfície de curvatura negativa. Esse *fluxo geodésico* é muito fácil de se analisar matematicamente, o que permitiu que Hadamard provasse o teorema de dependência hipersensível das condições iniciais. (O teorema correspondente para um bilhar de obstáculos convexos é muito mais difícil, e só bem mais tarde foi demonstrado por Sinai, nos anos setenta.)

O físico Pierre Duhem foi um dos que compreenderam, na época, a importância filosófica do resultado de Hadamard. (Duhem tinha ideias à frente de sua época em muitos campos, mas suas convicções políticas eram claramente reacionárias.) Num livro para o grande público editado em 1906, Duhem intitulou um parágrafo *Exemplo de dedução matemática para sempre inutilizável.*[1] Como ele explica, essa dedução matemática é o cálculo de uma trajetória sobre o bilhar de Hadamard. Ela é "para sempre inutilizável" porque uma pequena incerteza, necessariamente presente na condição inicial, dá lugar a uma grande incerteza sobre a trajetória calculada se esperarmos por um tempo suficientemente longo, e isso torna sem valor a predição.

Outro francês escrevia livros de filosofia científica na época: o famoso matemático Henri Poincaré. Em *Science et méthode*, editado em 1908,[4] ele analisa o problema da impreditibilidade, mas de maneira não técnica. Não cita nem Hadamard nem os detalhes matemáticos da teoria dos sistemas dinâmicos (teoria que, aliás, fora criada por ele, que a conhecia melhor do que ninguém). Uma observação essencial feita por Poincaré é que o acaso e o determinismo se tornam compatíveis mediante a impreditibilidade a longo prazo. Em seu estilo claro e conciso, eis como ele exprime isso:

"Uma causa muito pequena, que nos escapa, determina um efeito considerável que não podemos deixar de ver, e então dizemos que esse efeito se deve ao acaso".

Poincaré sabia o quanto as probabilidades são úteis na discussão do mundo físico. Sabia que o acaso faz parte da vida cotidiana. E como acreditava também no determinismo clássico (ainda não havia incerteza quântica na sua época), queria descobrir qual a origem do acaso. Sua reflexão sobre o problema forneceu-lhe várias respostas. Em outras palavras, ele viu vários mecanismos pelos quais a descrição determinista clássica do mundo poderia dar lugar, naturalmente, a uma idealização probabilista. Um desses mecanismos é o da dependência hipersensível das condições iniciais.[5]

Poincaré examina dois exemplos de dependência hipersensível das condições iniciais. O primeiro é o de um gás composto de numerosas moléculas que se movem a grande velocidade em todas as direções e sofrem muitos choques mútuos. Esses choques, diz Poincaré, provocam uma dependência hipersensível das condições iniciais. (A situação é análoga à de uma bola de bilhar chocando-se contra um obstáculo convexo.) A impreditibilidade do movimento de partículas no gás justifica uma descrição probabilista.

O segundo exemplo de Poincaré diz respeito à meteorologia. Também ali, diz ele, há dependência hipersensível das condições iniciais. De resto, nosso conhecimento das condições iniciais é sempre um pouco impreciso e isto explica a pouca confiabilidade das previsões do tempo que faremos. Assim, como não podemos prever a série dos fenômenos meteorológicos, pensamos que essa série se deve ao acaso.

Para um especialista contemporâneo, o que mais impressiona nas ideias de Poincaré é seu caráter moderno. A dinâmica de um gás de esferas elásticas, por um lado, a circulação geral da atmosfera, por outro, foram objeto de estudos essenciais ao longo dos últimos anos, e o ponto de vista que adotamos é o que Poincaré preconizara.

Muito impressionante também é o longo intervalo de tempo que houve entre Poincaré e o estudo moderno, feito por físicos, do fenômeno de dependência hipersensível das condições iniciais. O estudo recente do que agora chamamos o *caos* não se beneficiou da compreensão física penetrante adquirida por Hadamard, Duhem e Poincaré. As matemáticas de Poincaré (ou aquilo que elas se tornaram) certamente desempenharam seu papel, mas suas ideias sobre as previsões meteorológicas tiveram de ser redescobertas independentemente.

Para o intervalo surpreendente que separa Poincaré e os estudos modernos do caos, vejo duas razões. A primeira é a descoberta da mecânica quântica, que revolucionou o mundo da física e ocupou todas as energias de várias gerações de físicos. A mecânica quântica faz com que o acaso intervenha de maneira nova e intrínseca. Por que, então, querer ainda tentar introduzir o acaso na mecânica clássica, através da dependência hipersensível das condições iniciais?

Vejo uma outra razão para o esquecimento em que caíram as ideias de Hadamard, Duhem e Poincaré: elas vieram muito cedo, não existiam ainda os meios de explorá-las. Poincaré não tinha à sua disposição esses instrumentos matemáticos de base que são a *teoria da medida* ou o *teorema ergódico*, e não podia, portanto, exprimir suas brilhantes ideias intuitivas numa linguagem precisa. Quando um cientista de hoje lê as obras filosóficas de Poincaré, interpreta as ideias aí contidas baseado num sistema de conceitos que lhe é familiar, mas tais conceitos não estavam à disposição do próprio Poincaré! É preciso notar também que, quando não conseguimos tratar matematicamente um problema, sempre podemos estudá-lo numericamente pelo computador. Mas este método, que desempenhou um papel essencial no estudo do caos, evidentemente não existia no início do século XX.

Notas

1. J. Hadamard, Les surfaces à courbures opposées et leurs lignes géodésiques, *J. Math. pures et appl.* v. 4, p. 27-73, 1898. Este artigo foi reproduzido nas *Œuvres de Jacques Hadamard*, Paris: CNRS, 1968 (v. 2, p. 729-775). Nele já se encontra explicitamente

a observação de que, se houver um erro qualquer sobre a condição inicial, o comportamento a longo prazo do sistema não pode ser predito.

2. O mais fácil é estudar o caso das superfícies compactas de curvatura *constante* negativa. (Tais superfícies têm, apenas, em relação à de Hadamard, a desvantagem de não poderem ser realizadas no espaço euclidiano de três dimensões.) Você, sem dúvida, se lembra do postulado de Euclides que rezava que, por um ponto fora de uma reta, passa uma e uma só paralela a essa reta. E se lembra também de que podemos construir *geometrias não euclidianas* para as quais o postulado de Euclides é falso. Em particular, no plano de Lobatchevski há muitas paralelas a uma reta dada que passam por um ponto situado fora dessa reta. Assim, portanto, no plano de Lobatchevski, dois pontos que se movem sobre retas paralelas em geral se afastam um do outro! O bilhar de curvatura constante negativa é obtido recortando-se um pedaço do plano de Lobatchevski e recolando suas bordas de maneira que se obtenha uma superfície fechada lisa (evidentemente, é preciso demonstrar que isso é possível). Sobre o bilhar assim obtido, imaginamos sem muita dificuldade que o movimento retilíneo e uniforme apresenta o fenômeno de dependência hipersensível das condições iniciais.

3. P. Duhem, Exemple de déduction mathématique à tout jamais inutilisable, em *La théorie physique*. Son object et sa structure, Paris: Chevalier et Rivière, 1906. Esta referência me foi indicada por René Thom.

4. H. Poincaré, Le hasard, capítulo 4 de *Science et méthode* (ver nota 3, capítulo 2).

5. Mesmo na ausência de dependência hipersensível das condições iniciais, pequenas causas podem ter grandes efeitos. Para isso basta, como observou Poincaré, aguardar muito tempo.

   Outro caso interessante é o dos sistemas com muitos estados de equilíbrio. Pode ser dificílimo prever, para uma dada condição inicial, para que estado de equilíbrio ela evoluirá. É a situação que se apresenta quando as *bacias de atração* dos diversos estados de equilíbrio têm fronteiras comuns que formam numerosas dobras complicadas. Isso se apresenta com frequência, por exemplo, no caso do *pêndulo magnético.* Trata-se de um pequeno ímã suspenso por uma haste rígida acima de vários outros ímãs. Se sacudirmos esse pêndulo, ele se põe a oscilar de maneira complicada, e é difícil adivinhar em que posição de equilíbrio ele acabará por se deter (há, em geral, várias posições de equilíbrio). Quanto a figuras que representem domínios de atração de fronteiras complicadas, ver por exemplo S. McDonald, C. Grebogi, E. Ott e J. Yorke, Fractal basin boundaries, *Physica* 17 D, p. 125-53, 1985.

   O que chamamos de acaso pode também resultar, como observa Poincaré, de nossa falta de controle muscular. E ele dá o exemplo do jogo de roleta. O jogo de cara ou coroa é análogo, e algumas pessoas bem treinadas são capazes de obter regularmente nesses jogos um resultado decidido de antemão.

CAPÍTULO 9

TURBULÊNCIA: MODOS

Num dia chuvoso de 1957, um pequeno cortejo fúnebre levava os despojos mortais do professor Théophile De Donder a um cemitério belga. O féretro era acompanhado por um destacamento de guardas a cavalo. O defunto tinha direito a essa homenagem, e a viúva desejara que ela lhe fosse prestada. Alguns colegas desolados seguiam o enterro.

Théophile De Donder fora o pai espiritual da física matemática na Universidade Livre de Bruxelas e, assim, um de meus próprios avôs espirituais. No seu tempo, ele fizera um excelente trabalho de pesquisa em termodinâmica e em relatividade geral (Einstein o chamava "o pequeno doutor *Gravitique*").[1] Mas quando o conheci era um velhinho seco, já incapaz de fazer qualquer trabalho científico. A potência intelectual deixara-o para sempre, mas não o desejo, o fascínio que estão na base e no coração da pesquisa científica. Quando ele conseguia encurralar um colega num corredor da universidade, infligia ao infeliz longas explicações sobre "a teoria matemática da forma do fígado" ou sobre as suas pesquisas acerca do "ds^2 da música". Pois a música e as formas são temas recorrentes de fascínio científico.[2] Outros desses temas fascinantes são o tempo e a sua irreversibilidade, o acaso, a vida. Há um fenômeno, o movimento dos fluidos, que parece refletir e combinar todas essas fontes de fascínio. Pensem no ar que corre nos tubos de um órgão, ou na água de um rio cujos turbilhões se movem perpetuamente e mudam de disposição como se tivessem vontade própria. Pensem nos rios de lava incandescente que jorram de um vulcão, nas frescas fontes, nas céleres cascatas... Há diversas maneiras de honrar a beleza. Ali onde um artista rabiscaria um esboço, iniciaria um poema ou comporia uma melodia, o cientista imagina uma teoria científica. O matemático Jean Leray disse-me ter observado longamente os turbilhões que se formam quando a água do Sena passa pelos pilares da Pont-Neuf, em Paris. E essa contemplação foi uma das fontes de inspiração para seu grande artigo de 1934 sobre a hidrodinâmica.[3] Muitos cientistas ficaram fascinados com o movimento dos fluidos, e particularmente com os escoamentos complicados, irregulares e aparentemente erráticos que qualificamos como turbulentos. Que é a turbulência? Os especialistas continuam a debater esta questão, para a qual não há resposta muito evidente. Em geral, no entanto, concorda-se em reconhecer um escoamento turbulento quando se vê um deles.

A observação da turbulência é comum e fácil, mas sua compreensão é difícil. Henri Poincaré se preocupou com a hidrodinâmica e deu um curso sobre os turbilhões,[4] mas não se arriscou a propor uma teoria da turbulência. O físico alemão Werner Heisenberg, pai da mecânica quântica, propôs uma teoria da turbulência que não teve grande repercussão. Disseram que a turbulência era um *cemitério de teorias*. Sem dúvida, a teoria física e matemática dos escoamentos líquidos contou com contribuições notáveis, que devemos a Osborne Reynolds, Geoffrey I. Taylor, Theodore von Kármán, Jean Leray, Andrei N. Kolmogorov, Robert Kraichnan e outros, mas o assunto não parece ter-nos confiado seus últimos segredos.

Neste capítulo e nos que se seguem, gostaria de relatar um episódio do combate científico travado para compreender a turbulência. Este episódio envolveu o que agora chamamos de *caos*, e eu mesmo participei dele. Isso me permitirá fornecer sobre ele mais detalhes do que sobre acontecimentos científicos do início do século, cujos protagonistas hoje nos aparecem, muitas vezes, como gigantes semimíticos. Tentarei dar uma ideia da atmosfera da pesquisa, mais do que fazer uma exposição histórica precisa e equilibrada. Ao leitor que se interesse pela história do caos, recomendo a leitura dos artigos originais. Bom número desses artigos está reproduzido em dois volumes muito úteis,[5] que tornam fácil sua consulta.

A descoberta de ideias novas não pode ser programada. É por isso que as revoluções e outros cataclismas sociais têm, não raro, uma influência positiva sobre a ciência. Interrompendo provisoriamente a rotina das corveias burocráticas e tirando do circuito os organizadores da pesquisa, tais desordens permitem que as pessoas pensem. De qualquer forma, os "acontecimentos" de maio de 1968 foram para mim bem-vindos, ao causarem a interrupção dos correios e das comunicações, e também ao produzirem um clima intelectual muito estimulante. Na época, eu estava tentando estudar a hidrodinâmica e estava lendo o livro sobre a *Mecânica dos fluidos* de Landau e Lifshitz. Eu verificava laboriosamente os cálculos complicados que esses autores parecem adorar, quando de repente topei com algo interessante: um parágrafo sobre o aparecimento da turbulência, sem cálculos complicados.

Para compreender a teoria de Lev D. Landau sobre o aparecimento da turbulência, é preciso ter em mente que o movimento de um fluido viscoso, como a água, se torna mais lento pelo atrito e tende a um estado de repouso, a menos que se lhe forneça energia continuamente. Conforme a potência fornecida para manter o fluido em movimento, podemos ver coisas diferentes. Para tomar um exemplo concreto, pensemos numa torneira aberta. A potência aplicada ao fluido (e que se deve, em última análise, à gravidade) é controlada pela abertura maior ou menor da torneira. Se você abrir pouco a torneira, pode sem dúvida fazer com que o escoamento entre a torneira e o ralo seja *estacionário*: a coluna de água parece imóvel (embora, evidentemente, a torneira esteja aberta). Abrindo cuidadosamente um pouco mais a torneira, você pode (às vezes) ver pulsações regulares da coluna fluida: o movimento é, então, dito *periódico*, e não estacionário. Se abrir completamente a torneira, você verá um escoamento muito irregular, a turbulência. A série de situações que acabo de descrever é típica para um fluido a que uma fonte de energia fornece uma potência cada vez mais alta. Landau interpreta isso dizendo que, quando se aumenta a potência aplicada, excita-se um número cada vez maior de *modos* do fluido.

Precisamos agora dar um mergulho no mar de conceitos físicos e tentar compreender o que é um modo. Muitos objetos ao nosso redor começam a oscilar ou a vibrar quando os tocamos: um pêndulo, uma barra de metal, uma corda de instrumento musical facilmente entram num movimento periódico. Tal movimento periódico é um modo. Podemos falar também dos modos de vibração da coluna de ar num tubo de órgão, dos modos de oscilação de um ponto suspenso, e assim por diante. Um dado objeto físico não raro tem inúmeros modos diferentes, que podemos querer determinar e controlar. Pense-se, por exemplo, num sino de igreja: se a sua forma for mal escolhida, os diversos modos de vibração do sino corresponderão a frequências discordantes, e o som não será harmonioso. Um exemplo importante de oscilação é o dos átomos de um sólido ao redor de suas posições de equilíbrio; os modos correspondentes chamam-se *fônons*. Mas voltemos a Landau e à sua teoria sobre o aparecimento da turbulência. Conforme essa teoria, quando um fluido é posto em movimento por uma ação exterior, certo número de modos do fluido é excitado. Se nenhum modo é excitado, temos um estado estacionário do fluido. Se um só modo é excitado, observamos oscilações periódicas. Se vários modos são excitados, o movimento do fluido torna-se irregular e, quando muitos modos são excitados, torna-se turbulento. Não posso reproduzir aqui os argumentos matemáticos apresentados por Landau, em apoio às suas ideias. (Independentemente de Landau, o matemático alemão Eberhard Hopf propôs, com um instrumental matemático um pouco mais refinado, uma teoria muito semelhante.)[6] Se abordarmos o problema do ponto de vista da física experimental, podemos fazer uma análise em termos de frequência das oscilações de um fluido turbulento, ou seja, procurar as frequências presentes: vemos que elas são muito numerosas e formam, na verdade, um espectro contínuo que deve corresponder a inúmeros modos excitados do fluido.

Tal como a apresentei, a teoria de Landau-Hopf parece dar uma descrição satisfatória do aparecimento da turbulência, ou seja, da maneira como um fluido se torna turbulento quando se aumenta a potência exterior que lhe é aplicada. No entanto, quando li a explicação de Landau, imediatamente a achei duvidosa e não muito convincente. Daqui a pouco explicarei as razões matemáticas de minhas dúvidas.

Antes disso, porém, preciso falar mais um pouco dos modos. Em muitos casos, podemos fazer oscilar um sistema físico segundo diferentes modos simultaneamente, e essas diferentes oscilações não têm influência umas sobre as outras. Admito que esta não é uma asserção muito precisa. Para fixar as ideias, podemos imaginar os modos como osciladores que estariam, por assim dizer, contidos em nosso sistema físico e que oscilariam independentemente. Esta imagem mental é útil e gozou de grande prestígio entre os físicos.

De acordo com a terminologia de Thomas Kuhn,[7] podemos dizer que a interpretação de grandes campos da física em termos de modos, concebidos como osciladores independentes, é um *paradigma*. O paradigma dos modos, simples e geral, revelou-se notavelmente fértil. Ele é aplicado toda vez que podemos definir modos que sejam independentes ou quase independentes. Assim, os modos de oscilação dos átomos num sólido, os *fônons*, não são totalmente independentes: existem interações fônon-fônon, mas são relativamente fracas, e os físicos sabem (pelo menos dentro de certa medida) como tratá-las.

A descrição da turbulência em termos de modos feita por Landau me desagradou imediatamente, porque estava em desacordo com ideias matemáticas que eu ouvira serem expostas por René Thom e que eu havia estudado num artigo fundamental de Steve Smale sobre os *sistemas dinâmicos diferenciáveis*.[8] O francês René

Thom e o americano Steve Smale são ambos eminentes matemáticos. O primeiro é meu colega no Institut des Hautes Études Scientifiques em Bures-sur-Yvette, e o segundo fez frequentes visitas a esse instituto. Foi deles que aprendi os desenvolvimentos modernos das ideias de Poincaré sobre os sistemas dinâmicos, e a partir daí ficava claro que o paradigma dos modos está longe de ser universalmente aplicável. Por exemplo, uma evolução temporal descrita por intermédio de modos não pode ter dependência hipersensível das condições iniciais. Justificarei esta afirmação no próximo capítulo, e mostrarei que os modos só provocam evoluções temporais bastante desinteressantes, comparadas às analisadas por Smale. Quanto mais eu pensava no problema, menos eu acreditava na teoria de Landau: se havia modos num fluido viscoso, eles deveriam interagir de maneira forte, e não fraca, e a descrição em termos de modos deixaria de ser válida. Ela seria substituída por algo diferente, mais rico e muito mais interessante.

Agora, que faz um cientista quando pensa ter descoberto algo de novo? Pois bem, ele redige um artigo, escrito num jargão codificado, e o submete a uma revista científica para publicação. O editor da revista confia a um colega (ou a vários) a responsabilidade de julgar o artigo, ou de ser, como se diz, o seu *referee*, o árbitro. Se o artigo é aceito, será impresso mais ou menos rapidamente pela revista científica em questão. Este gênero de revistas, aliás, não está à venda nas bancas de jornal. Elas chegam pelo correio aos laboratórios, enchem as estantes dos escritórios dos professores de universidade, e há quilômetros delas nas prateleiras das grandes bibliotecas científicas.

Assim, tratei de redigir um artigo em inglês sobre a turbulência, "On the nature of turbulence", e esse artigo foi escrito em colaboração com Floris Takens, um matemático holandês que trouxe a contribuição de seus conhecimentos matemáticos e também não teve medo de sujar as mãos e de comprometer a sua reputação de matemático, tratando de um problema físico. O artigo explicava por que achávamos que as ideias de Landau sobre a turbulência eram falsas, e propúnhamos algo diferente, fazendo intervir os *atratores estranhos*. Esses atratores estranhos vinham do artigo de Steve Smale, mas o nome era novo, e ninguém mais se lembra se foi Floris Takens ou se fui eu quem o inventou, ou se foi alguma outra pessoa. Submetemos nosso manuscrito a uma revista científica apropriada e ele rapidamente voltou a nós: recusado. O editor não gostava de nossas ideias e nos remetia aos seus próprios artigos para que pudéssemos aprender o que era realmente a turbulência.

Vou, por enquanto, deixar "On the nature of turbulence" entregue à sua incerta sorte e tratar de um assunto mais fascinante: os atratores estranhos.

Notas

1. Devo a história do pequeno doutor *Gravitique* a George Uhlenbeck, e, outros fatos a respeito de Th. De Donder, a Marcel Demeur.

2. Fazendo entrevistas com cientistas, poderíamos obter muitos dados sobre o fascínio que subjaz a seu trabalho de pesquisa. A interpretação desses dados seria delicada, mas talvez permitisse uma melhor compreensão psicológica do processo de descoberta científica. Os cientistas que sofrem de loucura ou de senilidade seriam particularmente interessantes de estudar, em razão da maior transparência de suas motivações. (Muita gente infeliz perde muito cedo o interesse pela ciência e permanece, afora isso, desesperadamente normal. Conheci, porém, pelo menos um extraordinário exemplo inverso, o de um grande físico cujo juízo estava em seu conjunto bastante diminuído, mas que voltava a ser um grande homem de ideias profundas quando falava de ciência.)

3. J. Leray, Sur le mouvement d'un fluide visqueux emplissant l'espace, *Acta Math.*, v. 63, p. 193-248, 1934.

4. H. Poincaré, *Théorie des tourbillons*, Paris: Carré et Naud, 1892.

5. P. Cvitanovi, *Universality in chaos*, Bristol: Adam Hilger, 1984; Hao Bai-Lin, *Chaos*, Singapura: World Scientific, 1984, ou *Chaos* II, 1990. Para uma apresentação de estilo "grande público", ver J. Gleick, *La théorie du chaos*, Paris: Albin Michel, 1989; o autor foi jornalista no *New York Times* e seu livro se lê com facilidade, mas nem sempre podemos confiar nele no que diz respeito à exatidão histórica ou às afirmações de prioridade científica. Devo mencionar também três livros excelentes: I. Steward, *Does God play dice?*, Londres: Penguin, 1990; I. Ekeland, *Le calcul, l'imprévu*, Paris: Seuil, 1984; e *Au hasard*, Paris: Seuil, 1991.

6. As publicações originais são: L. D. Landau, Sur le problème de la turbulence (em russo), *Dokl. Akad. Nauk* SSSR, v. 44, n. 8, p. 339-42, 1944; E. Hopf, A mathematical

example displaying the features of turbulence, *Commun. pure appl. Math.*, v.1, p. 303-22, 1948. As ideias de Landau podem ser consultadas em inglês no §27 de L. D. Landau e E. M. Lifshitz, *Fluid mechanics*, Oxford: Pergamon Press, 1959. A edição francesa recente [L. Landau e E. Lifshitz, *Mécanique des fluides*, Moscou: Mir, 1990] discute os atratores estranhos e expõe as ideias novas sobre a turbulência.

7. T. S. Kuhn, *The structure of scientific revolutions*, 2. ed., Chicago: University of Chicago Press, 1970 [Tradução francesa: T. S. Kuhn, *La structure des révolutions scientifiques*, Paris: Flammarion, 1983]. Não sou um adepto incondicional das ideias de Kuhn. Em particular, sua análise me parece pouco aplicável à situação das matemáticas puras. No entanto, a noção de paradigma aplica-se bem aos conceitos físicos de *modos* e de *caos*.

8. S. Smale, Differentiable dynamical systems, *Bull. Amer. Math. Soc.*, v. 73, p. 747-817, 1967.

CAPÍTULO 10

TURBULÊNCIA: ATRATORES ESTRANHOS

A matemática não é apenas uma coleção de fórmulas e de teoremas, mas também contém ideias. Uma delas, particularmente geral e útil, é a ideia de *geometrização*. Essencialmente, trata-se da representação desta ou daquela classe de objetos matemáticos como pontos de um espaço.

Há muitas aplicações práticas da geometrização sob forma de gráficos e de diagramas. Se, por exemplo, você se interessar pelo problema da refrigeração pelo vento, terá interesse em utilizar um diagrama de temperatura-velocidade do vento como o da Figura 1(A).

Uma vantagem desta representação é que ela não restringe ninguém à escolha de um único sistema de unidades. O diagrama da Figura 1(B) é de um tipo empregado pelos aviadores: ele indica a direção do vento, assim como a sua velocidade. Se você quiser representar ao mesmo tempo a direção do vento, sua velocidade e a temperatura do ar, vai precisar de três dimensões; é fácil imaginar um diagrama de três dimensões, mas não poderemos representar dele mais do que projeções em duas dimensões sobre uma folha de papel.

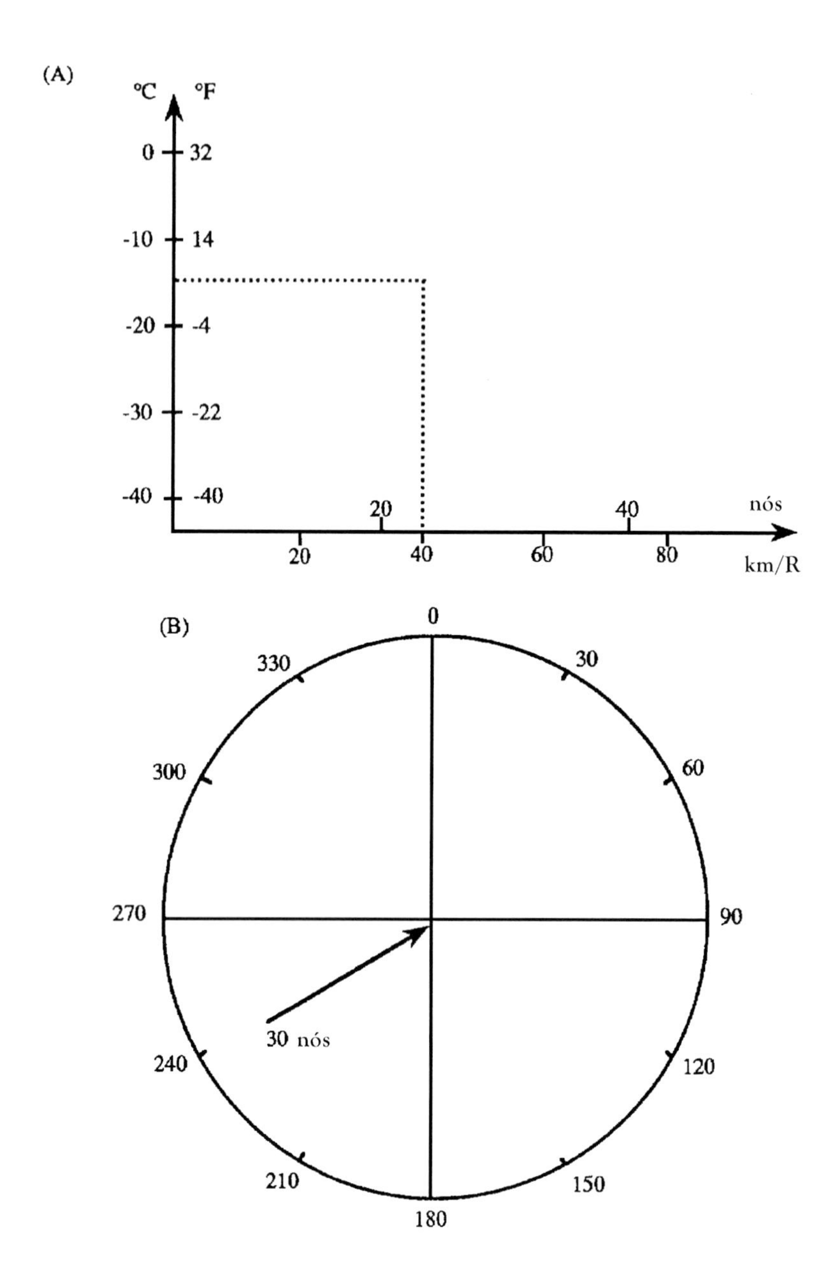

FIGURA 1 – Diagramas que representam:
(A) velocidade do vento e temperatura;
(B) velocidade e direção do vento.

Se você quisesse agora representar também a pressão barométrica e a umidade relativa, precisaria de um espaço de cinco dimensões e poderia ver que a representação geométrica se torna inutilizável. Não se disse que as únicas pessoas que podiam "ver em quatro dimensões" estavam presas nos asilos de alienados? A realidade, porém, é diferente. Muitos matemáticos e outros cientistas costumam visualizar coisas em quatro, cinco... ou uma infinidade de dimensões. Chega-se a isto, por um lado, visualizando diversas projeções de duas ou três dimensões, e por outro lado, tendo em mente alguns teoremas que dizem como as coisas devem ser. Por exemplo, a Figura 2 (A) é em dez dimensões, e mostra uma linha reta que atravessa em dois pontos uma esfera de nove dimensões (esta 9-esfera ou *hiperesfera* é formada pelos pontos situados a certa distância dada de um ponto 0); o segmento pontilhado é a parte da reta interior à esfera.

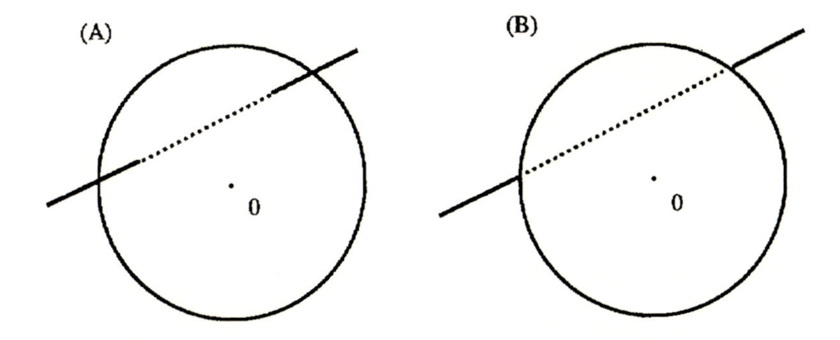

FIGURA 2 – (A) Intersecção de uma linha reta e de uma esfera de dez dimensões. (B) A mesma coisa em duas dimensões.

De fato, a Figura 2(A) mostra a intersecção de uma reta e de uma hiperesfera em um número qualquer de dimensões superior ou igual a três (por exemplo, num número infinito de dimensões). A Figura 2(B) ilustra a situação em duas dimensões.

Voltemos agora às oscilações, ou *modos*, do capítulo anterior e procuremos geometrizá-las. A Figura 3(A) representa a posição de um pêndulo ou de uma vara vibrante ou de qualquer outro objeto oscilante.

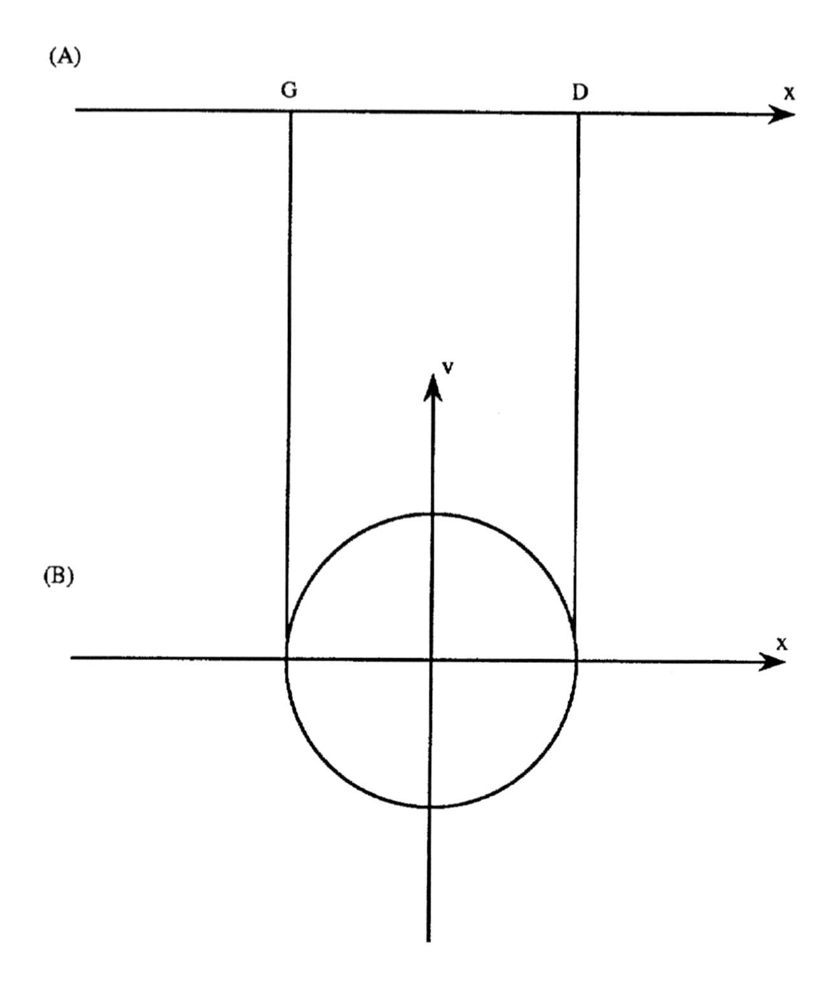

FIGURA 3 – (A) Posição x de um ponto oscilante.
(B) Posição x e velocidade v do mesmo ponto.

A posição oscila da esquerda (E) para a direita (D), depois da direita (D) para a esquerda (E), e assim por diante. A figura não é muito informativa, mas esquecemo-nos de alguma coisa: o estado de nosso sistema oscilante não é bem definido só por sua posição; precisamos também conhecer sua velocidade. A Figura 3(B) mostra a órbita descrita por nosso oscilador no plano posição-velocidade. Esta órbita é um anel fechado (um círculo, se preferirem), e o ponto que representa o estado do oscilador dá periodicamente a volta pelo anel.

Vamos agora nos ocupar de um sistema fluido (como a torneira aberta de que falamos mais atrás). Enfocaremos o *comportamento de regime* do sistema e deixaremos de lado os *fenômenos transitórios* (que se produzem, por exemplo, no momento em que se abre a torneira). Para representar o nosso sistema, será preciso um espaço de dimensão infinita, porque devemos especificar a velocidade do fluido em cada ponto da região que ele ocupa, e há uma infinidade desses pontos. Mas não há problema nisso. A Figura 4(A) mostra um estado estacionário do fluido: o ponto P que representa o sistema não se mexe. A Figura 4(B) corresponde a oscilações periódicas do fluido: a órbita do ponto representativo P é um anel fechado que P percorre periodicamente.

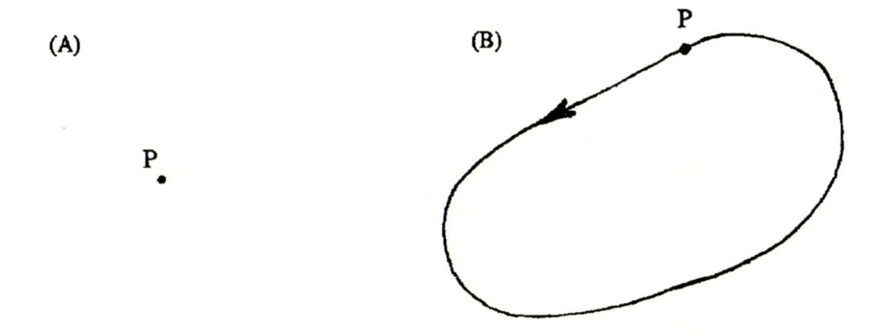

FIGURA 4 – (A) Ponto fixo P que representa um estado estacionário. (B) Anel periódico que representa oscilações periódicas de um fluido. As figuras são projeções em 2 dimensões de trajetórias num espaço de dimensão infinita.

Podemos “endireitar” a figura 4(B) de modo que o anel se torne um círculo e seja percorrido por P numa velocidade constante. (O “endireitamento” é obtido pelo que os matemáticos chamam uma mudança de coordenadas não linear: é como se se olhasse o mesmo desenho através de um vidro deformante.) Nossa oscilação periódica, ou modo, é agora representada pela Figura 5 (A).

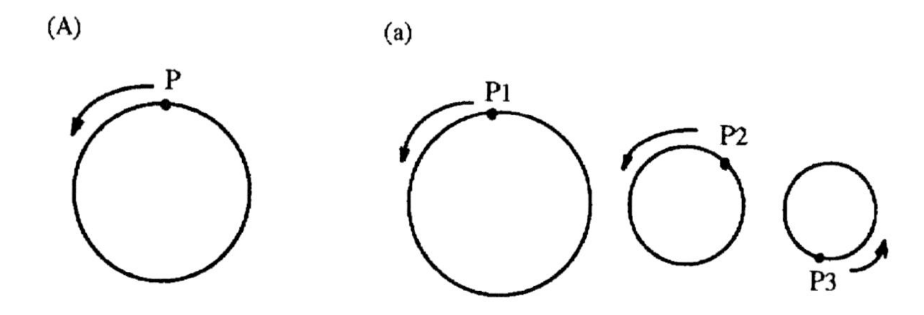

FIGURA 5 – (A) Oscilação periódica (modo) descrita por um ponto P que percorre um círculo numa velocidade constante.
(B) Uma superposição de vários modos representada por várias projeções diferentes.

Temos agora à nossa disposição todas as ideias necessárias para visualizar uma superposição de vários modos diferentes. Como mostra a Figura 5(B), o ponto representativo P aparece em diferentes projeções como percorrendo círculos em velocidades angulares diferentes, correspondentes a períodos diferentes. (É preciso escolher as projeções de maneira apropriada, e isso envolve mudanças de coordenadas não lineares.) O leitor interessado pode verificar que a evolução temporal que estamos discutindo (superposição de vários modos) *não* tem dependência hipersensível das condições iniciais.[1]

Veja agora a Figura 6! É a vista em perspectiva de uma evolução temporal (ou movimento) em três dimensões, que ocorre sobre um conjunto complicado chamado *atrator estranho*. Neste caso, trata-se do *atrator de Lorenz*.[2]

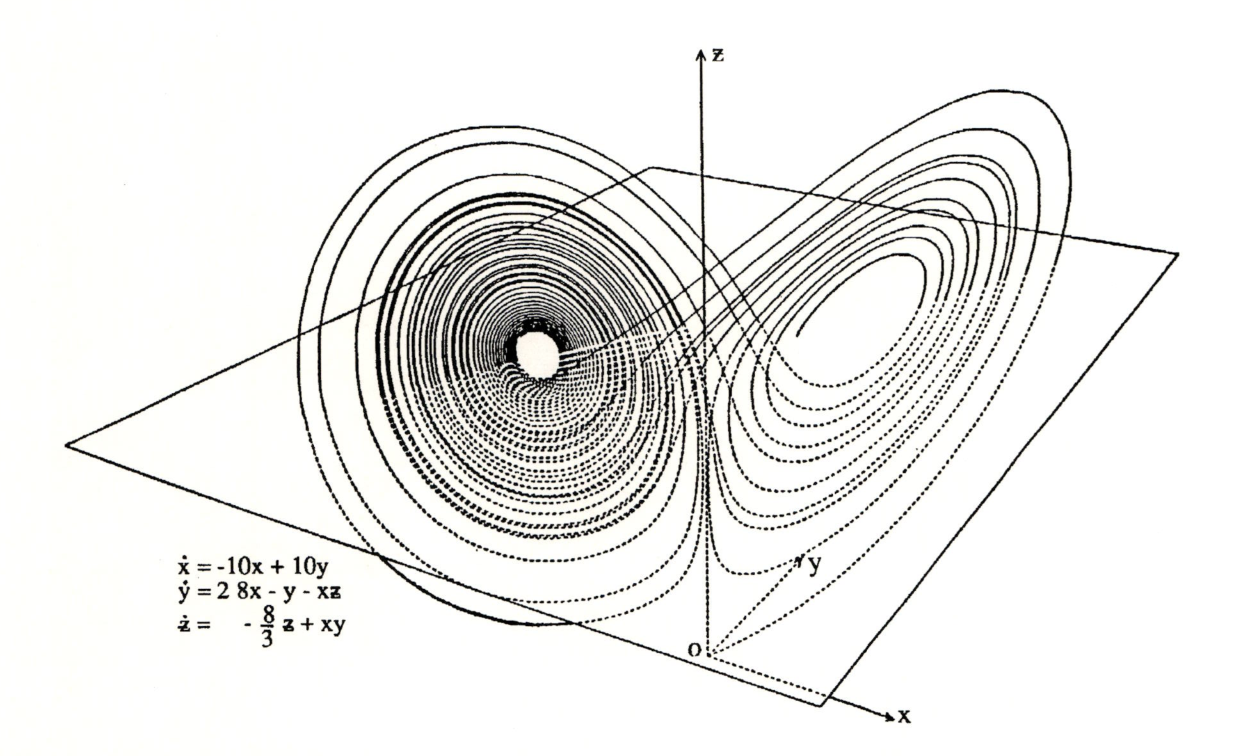

FIGURA 6 – O atrator de Lorenz. Figura por computador programada por Oscar Lanford (ver p. 114 em *Lecture Notes in Math.* n. 615 [Berlim: Springer, 1977]).

O meteorologista Edward Lorenz, do Massachusetts Institute of Technology, interessava-se pelo problema da convecção atmosférica. Eis aqui de que se trata: o sol esquenta o solo, e as camadas inferiores da atmosfera se tornam, assim, mais quentes e mais leves do que as camadas mais altas. Isto acarreta um movimento ascendente do ar quente e leve, enquanto o ar frio e denso desce. Esses movimentos constituem a *convecção*. Como a água da torneira examinada anteriormente, o ar é um fluido e seu estado deve ser representado por um ponto num espaço de dimensão infinita. Em vez de estudar a evolução temporal correta em dimensão infinita, Lorenz simplificou as coisas e, mediante uma aproximação aliás bastante grosseira, limitou-se ao estudo de uma evolução temporal em três dimensões. Esta última pôde ser analisada por computador, e o resultado dessa análise é o objeto representado pela Figura 6, que chamamos de atrator de Lorenz. É preciso imaginar o estado da atmosfera em convecção como representado por um ponto P, e o deslocamento temporal do ponto P ocorre, então, segundo uma linha curva traçada pelo computador. Na situação da figura, o ponto P parte de perto da origem O das coordenadas, gira ao redor da "orelha" direita do atrator, depois várias vezes ao redor da orelha esquerda, depois duas vezes ao redor da orelha direita e daí por diante. Se a posição inicial de P perto de O fosse modificada de maneira ínfima (de modo que a diferença não fosse visível a olho nu), os detalhes da Figura 6 seriam completamente modificados. O aspecto geral permaneceria o mesmo, mas o número de voltas sucessivas à esquerda e à direita seria completamente diferente. Isto se deve ao fato de que (como Lorenz reconheceu) a evolução temporal da Figura 6 depende de maneira hipersensível das condições iniciais. O número de voltas à esquerda e à direita é, portanto, errático, aparentemente aleatório e em todo caso difícil de predizer.

A evolução temporal estudada por Lorenz não é uma descrição realista da convecção atmosférica. Todavia, seu estudo forneceu um argumento fortíssimo em favor da impreditibilidade dos movimentos da atmosfera. Todos nós podemos constatar que as predições a longo prazo dos meteorologistas são um pouco suspeitas. O que Lorenz mostrou é que as desorientações das predições de seus colegas tinham uma desculpa válida: a dependência hipersensível das condições iniciais. Como vimos, Poincaré fizera a mesma observação muito antes (Lorenz não sabia disso). Mas o grande valor do trabalho de Lorenz é seu caráter concreto e específico, que permitiu estendê-lo a estudos realistas dos movimentos da atmosfera. Antes de me despedir de Lorenz, eu gostaria de observar que, ainda que seus resultados fossem conhecidos pelos meteorologistas, eles só tardiamente foram apreciados pelos físicos.

Devo, porém, voltar ao artigo "On the nature of turbulence", escrito em colaboração com Floris Takens e que abandonei no final do capítulo anterior. Finalmente, esse artigo foi publicado numa revista científica.[3] (De fato, eu era um dos editores dessa revista e eu mesmo aceitei o artigo para publicação. Evidentemente, este não é um procedimento recomendável, em geral, mas achei que ele se justificava neste caso particular.) "On the nature of turbulence" contém certas ideias desenvolvidas anteriormente por Poincaré e Lorenz (nós o ignorávamos). Mas nós não nos interessávamos pelos movimentos da atmosfera e pelas predições meteorológicas. O que nos interessava era o problema geral da turbulência hidrodinâmica. Afirmávamos que os escoamentos turbulentos *não* são descritos pela superposição de muitos modos (como propunham Landau e Hopf), e sim por *atratores estranhos*.

O que é um atrator? É o conjunto sobre o qual se move o ponto P que representa o estado de um sistema dinâmico determinista quando aguardamos bastante tempo (o atrator descreve a situação de regime, depois do desaparecimento dos fenômenos transitórios). Para que esta definição tenha um sentido, é importante que as forças exteriores que ajam sobre o sistema sejam independentes do tempo (senão se poderia fazer o ponto P mover-se de maneira completamente arbitrária). É importante também que nos interessemos por sistemas físicos *dissipativos* (ou seja, sistemas que dissipam a energia em calor: os fluidos viscosos, por exemplo, dissipam a energia mecânica por atrito interno). A dissipação é o que faz desaparecer os fenômenos transitórios. É por causa da dissipação que, no espaço de dimensão infinita que representa um sistema, há apenas um pequeno conjunto (o atrator) realmente interessante.

O ponto fixo e o anel periódico da Figura 4 são atratores que, aliás, não têm nada de estranho. A situação de regime correspondente a um número finito de modos é descrita por um *atrator quase periódico* que tampouco é estranho (matematicamente, é um *toro*; ver a nota 1). Mas o atrator de Lorenz é estranho, como o são muitos atratores apresentados por Smale (estes últimos são mais difíceis de representar graficamente). A estranheza de um atrator decorre das características seguintes, que não são matematicamente equivalentes, mas que muitas vezes se apresentam juntas na prática.

Em primeiro lugar, os atratores estranhos têm um ar estranho: não são curvas ou superfícies lisas, mas objetos de *dimensão não inteira* ou, como diz Benoît Mandelbrot, *fractais*.[4] Em segundo lugar, e isto é mais importante, o movimento sobre um atrator estranho apresenta o fenômeno de *dependência hipersensível das condições iniciais*. Finalmente, embora os atratores estranhos sejam de dimensão finita, a análise em termos de frequências temporais revela um *contínuo de frequências*.

Este último ponto merece uma explicação. O atrator que representa o escoamento de um fluido viscoso é um conjunto de dimensão finita no espaço de dimensão infinita dos estados do fluido. Esse atrator é, portanto, bem representado por sua projeção num espaço de dimensão finita. De acordo com o paradigma dos modos, um espaço de dimensão finita só pode descrever um número finito de modos. (Matematicamente, isto acontece porque um espaço de dimensão finita só pode conter um toro de dimensão finita.) Todavia, a análise em termos de frequência faz surgir um espectro contínuo de frequências, que deveria corresponder a uma infinidade de modos. É possível tal coisa? Pode ter ela algo a ver com a turbulência?

Notas

1. Se utilizarmos a notação da nota 3, capítulo 4, a condição inicial x dá, depois de um tempo t, um ponto $f^t x$. Se x for substituído por x + δx, então $f^\delta x$ será substituído por $f^t x + \delta f^\delta tx$. Dizemos que há dependência hipersensível das condições iniciais quando $\delta f^t x = (\partial f^\delta x \partial / x)\delta x$ cresce exponencialmente com t. Mais precisamente, temos dependência hipersensível das condições iniciais quando a norma da matriz $\partial f^\delta x / \partial x$ das derivadas parciais cresce exponencialmente com t. Consideremos agora um movimento descrito por k ângulos cujos valores iniciais são $\theta_1,\ldots,_k$, e que se tornam depois do tempo t: $\theta_1 + \omega_1 t,\ldots,\theta_k + \omega_k t$ (mod 2π). Se escrevermos

$$f^1 (\theta_{1,\ldots,}\theta_k) = (\theta_1 + \omega_1 t,\ldots, \theta_k + \omega_k t) \qquad (1)$$

obteremos

$$\delta f^1 (\theta_1,\ldots, \theta_k) = (\delta\theta_1,\ldots, \delta\theta_k) \qquad (2)$$

O membro da direita de (2) é independente de t, e não temos, portanto, dependência hipersensível das condições iniciais. As evoluções temporais que podem ser postas sob a forma (1) por meio de uma mudança de variáveis são chamadas *quase-periódicas* e não apresentam dependência hipersensível das condições iniciais. A mudança de variáveis de que acabamos de falar é uma parametrização por k ângulos, e corresponde à superposição de k *modos*. Um conjunto que pode ser parametrizado por k ângulos é um k-*toro* ou toro k-dimensional (isto é, um produto de k círculos).

2 E. N. Lorenz, Deterministic nonperiodic flow; *J. Atmos. Sci.*, v. 20, p. 130-41, 1963.

3. D. Ruelle e F. Takens, On the nature of turbulence, *Commun. math. Phys.*, v. 20, p. 167-92, 1971; v. 23, p. 343-4, 1971.

4. B. Mandelbrot; *Les objets fractals*, Paris: Flammarion, 1975 [versão inglesa: *The fractal geometry of nature*, San Francisco: Freeman, 1977]. Mandelbrot chamou insistentemente a atenção do mundo científico para a ubiquidade das formas fractais em meio aos objetos naturais. Esta observação se revelou importante e fértil. O que, em geral, ainda falta é a compreensão dos processos que dão lugar às estruturas fractais.

CAPÍTULO 11

O CAOS: UM NOVO PARADIGMA

A ciência contemporânea internacional tende a se confundir com a ciência americana. Sem dúvida, faz-se pesquisa (e boa pesquisa) também fora dos Estados Unidos, mas os Estados Unidos ditam a moda e o estilo de trabalho. Esse estilo de trabalho é caracterizado por uma competição não raro feroz, muitas vezes sem escrúpulos, e por uma preocupação com a publicidade que frequentemente sobrepuja o valor científico. Esse estilo competitivo, apesar de seus aspectos detestáveis, criou uma ciência de grande vitalidade, e é sobretudo dela que falarei. Abramos, mesmo assim, um breve parêntese sobre a pesquisa científica francesa. Diante da pesquisa internacional de língua inglesa, a atitude dos pesquisadores franceses é ambivalente e muitas vezes melindrosa. Por um lado, eles estão envolvidos numa competição que se situa num nível mundial, mas, por outro lado, sua carreira está ligada a estruturas corporativistas que, com frequência, desencorajam a ambição. Ainda julgamos demais um pesquisador pela sua classificação ao sair da escola há vinte anos, e não o bastante pelo que fez depois disso. De resto, e incrivelmente, a França está ausente da edição científica internacional que é publicada – em inglês, é claro – em Berlim ou em Singapura, assim como nos Estados Unidos ou na Inglaterra. Apesar disso tudo, a ciência francesa continua a ter um nível alto, e deve-se esperar que seu valor não seja ameaçado por preocupações demasiado grotescas. Fechemos, pois, o parêntese.

Os pesquisadores científicos escrevem artigos, mas também garantem a publicidade de suas ideias e resultados fazendo exposições que costumamos chamar de *seminários*. Uma dúzia de colegas, ou mais (ou menos), assistem a um seminário e veem desfilarem equações e diagramas durante cerca de uma hora. Alguns tomam notas ou fingem tomar notas, mas de fato trabalham em seu próprio problema. Outros parecem cochilar, mas acordam de repente e levantam uma questão pertinente e precisa. Muitos seminários são de uma obscuridade opaca e impenetrável, seja porque o conferencista se perde irremediavelmente em cálculos cada vez mais intricados e falsos, seja porque ele se dá conta, depois de meia hora, que se esqueceu de dizer algo essencial no início da exposição, seja porque ele ou ela se exprime num inglês balcânico ou asiático de um estilo que ninguém mais compreende. Os seminários, contudo, estão no centro da vida científica. Alguns são claros e brilhantes, outros cuidadosamente apresentados, mas insípidos. Outros, ainda, mal-ajambrados e de aparência desastrosa, são na verdade muito interessantes quando compreendemos do que tratam.

Depois de ter escrito o artigo sobre a natureza da turbulência com Takens, fiz certo número de exposições sobre o assunto e sobre o meu trabalho posterior em universidades e institutos de pesquisa americanos (eu estava de visita ao Institute for Advanced Study de Princeton durante o ano acadêmico de 1970-1971). Minhas exposições tiveram uma acolhida mista, mas no conjunto bastante fria. Lembro-me, por exemplo, das brincadeiras do físico C. N. Yang a respeito de minhas "ideias controvertidas sobre a turbulência", depois de um seminário que ele me convidara a apresentar. A fórmula descreve bem a situação da época e a pouca atração exercida pelas ideias que eu defendia.

Qual era a razão do mal-estar dos físicos? Pois bem, quando se excita um fluido pela ação de forças exteriores cada vez maiores, é de se esperar, de acordo com a teoria aceita, o aparecimento gradual de um número cada vez mais alto de frequências independentes no fluido. A teoria dos atratores estranhos prediz, pelo contrário, um comportamento muito diferente: o aparecimento brusco de um espectro contínuo de frequências.

Na física, felizmente, podemos pôr as teorias à prova da experiência. As predições diferentes de que acabamos de falar podem ser testadas pela análise em termos de frequência temporal de uma quantidade medida sobre um fluido moderadamente excitado. Uma primeira abordagem do problema, por simulação em computador, é então realizada por Paul Martin, em Harvard. Em seguida, realiza-se um estudo experimental sobre um fluido real no laboratório de Jerry Gollub e Harry Swinney no City College, Nova York.[1] Os resultados, nos dois casos, são mais favoráveis a Ruelle-Takens do que a Landau-Hopf, no que diz respeito ao aparecimento da turbulência.

É então que as coisas começam a balançar, apesar de nem todos se darem conta na época. As ideias controvertidas tornam-se progressivamente ideias interessantes, depois ideias bem conhecidas. Alguns físicos e matemáticos, no começo, depois muitos, põem-se a trabalhar com os atratores estranhos e a dependência hipersensível das condições iniciais. A importância das ideias de Edward Lorenz é reconhecida. Surge um novo paradigma, batizado como *caos* por Jim Yorke, um matemático aplicado da Universidade de Maryland.[2] O que agora chamamos de caos é uma evolução temporal com dependência hipersensível das condições iniciais. O movimento sobre um atrator estranho é, portanto, caótico. Fala-se também de *ruído determinista* quando se observam oscilações irregulares de aparência aleatória, mas que são produzidas por um mecanismo determinista. Nos fenômenos caóticos, a ordem determinista cria, portanto, a desordem do acaso.

Um dos resultados da teoria do caos apresenta uma beleza e um interesse particulares: é a cascata das duplicações de período de Feigenbaum. Sem entrar nos detalhes técnicos, vou tentar dar uma ideia da descoberta de Mitchell Feigenbaum. Quando se mudam as forças que agem sobre um sistema dinâmico físico, muitas vezes vemos ocorrer o fenômeno de duplicação de período ilustrado pela Figura 1. Uma órbita periódica é substituída por outra, próxima à primeira, mas onde devem-se dar duas voltas antes de voltar exatamente ao ponto de partida; o *período* aproximadamente dobrou, portanto. A duplicação do período é observada em certas experiências de convecção: oscilações periódicas de um fluido aquecido por baixo podem ser, quando se muda o aquecimento, substituídas por oscilações de período duas vezes mais longo. Da mesma forma, duplicações de período podem ocorrer numa torneira escorrendo gota a gota, quando se aumenta o escoamento. Há muitos outros exemplos.

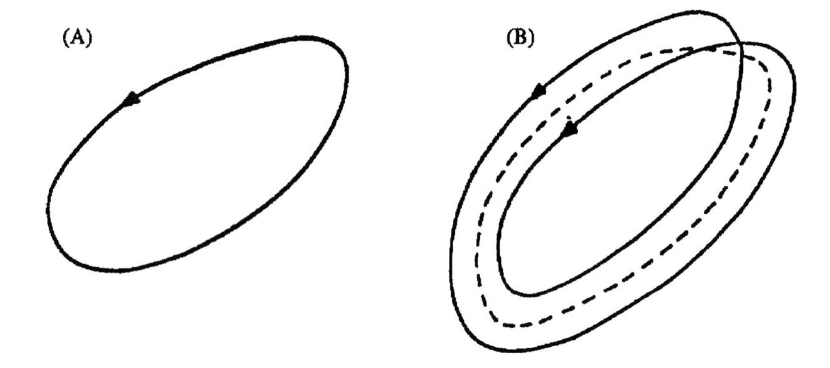

FIGURA 1 – Duplicação de período:
(A) uma órbita periódica;
(B) essa órbita é substituída por outra de comprimento aproximadamente duas vezes maior.

O interessante é que a duplicação de período pode ocorrer de maneira repetida, dando um período quatro vezes mais longo, depois 8, 16, 32, 64 ... vezes mais longo. Esta cascata de duplicações de período é ilustrada na Figura 2. O eixo horizontal mede as forças aplicadas ao sistema físico em questão, e os valores para os quais se observam duplicações de período correspondem aos pontos A1, A2, A3, ... ∞; tais duplicações se acumulam no ponto assinalado A∞.

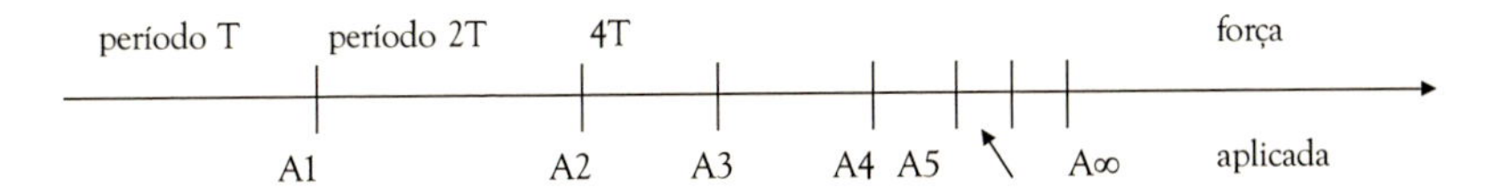

FIGURA 2 - Cascata de duplicações de período. Quando mudamos a força aplicada ao sistema, ocorrem duplicações de período nos valores assinalados A_1, A_2, A_3,... que se acumulam em A∞. Por razões de legibilidade, a relação 4,66920... foi substituída nesta figura por um valor menor.

Se examinarmos agora os intervalos sucessivos $A_1 A_2$, $A_2 A_3$, $A_3 A_4$, $A_4 A_5$, ..., veremos que têm relações quase constantes:

$$\frac{A_1A_2}{A_2A_3} \approx \frac{A_3A_4}{A_4A_5} \approx \frac{A_4A_5}{A_5A_6} \approx \dots$$

Mais precisamente, temos esta notável fórmula:

$$\lim_{n \to \infty} \frac{A_nA_{n+1}}{A_{n+1}A_{n+2}} = 4,66920 \dots$$

Quando Mitchell Feigenbaum descobriu essa fórmula numericamente, era um jovem físico com um emprego temporário no laboratório de Los Alamos. Trabalhava dia e noite ao computador, fumando sem parar e bebendo café forte. E pôs na cabeça que ia demonstrar a fórmula, utilizando as ideias do físico Kenneth Wilson (na época em Cornell) sobre o *Grupo de Renormalização*. Ele observou que as duplicações de períodos sucessivos são, em sua essência, sempre o mesmo fenômeno, exceto pelas mudanças de escala (ou seja, quando se fazem mudanças de unidades apropriadas para os diversos parâmetros que entram no problema). As mudanças de escala apropriadas não são fáceis de estabelecer, e Feigenbaum de fato não produziu um tratamento matemático completo da questão. Ele será fornecido mais tarde por Oscar Lanford (na época em Berkeley), de acordo com as ideias de Feigenbaum. Observemos que a demonstração de Lanford apela para a ajuda de um computador. De fato, essa demonstração requer certos cálculos numéricos extremamente longos, a verificação de certas desigualdades que dificilmente poderia ser feita à mão, mas que o computador resolve de maneira rápida e totalmente rigorosa.

A cascata de duplicações de período, se observada numa experiência de física, dificilmente pode ser confundida com outra coisa. De resto, pode-se mostrar que, para além da cascata (isto é, à direita de $A\infty$ na Figura 2), há caos. Assim, quando se observar a cascata de Feigenbaum em hidrodinâmica, isso será uma demonstração convincente de que o paradigma dos modos não mais se aplica e deve ser substituído pelo paradigma do caos.

Ia me esquecer de mencionar um detalhe. O artigo de Feigenbaum que descrevia seus resultados, quando submetido à publicação numa revista científica, foi-lhe mandado de volta: recusado. Felizmente, um editor mais esclarecido aceitou-o em seguida, para uma outra revista.[3]

Voltemos agora à nossa interpretação da turbulência através dos atratores estranhos. Nossa discussão não apelou para nada que seja específico à hidrodinâmica. Utilizamos apenas o fato de que fluido viscoso é um sistema dissipativo. Podemos, portanto, prever atratores estranhos e caos (ou ruído determinista) em toda espécie de sistemas dinâmicos dissipativos. E é isso, efetivamente, o que agora provam inúmeras experiências.

Gostaria, porém, de voltar mais um pouco atrás, ao meu próprio papel na história do caos. Sabia que certas reações químicas têm um comportamento temporal oscilante e que um artigo de Kendall Pye e Britton Chance descrevia tais oscilações em sistemas químicos de origem biológica.[4] No início de 1971, portanto, fui à Filadélfia ver o professor Chance e um grupo de seus colaboradores, e lhes expliquei ser possível observar oscilações químicas não periódicas, ou "turbulentas", tanto quanto oscilações periódicas. Infelizmente, o "perito matemático" do grupo deu uma opinião negativa e Chance se desinteressou de minha ideia. Um pouco mais tarde, tive oportunidade de explicar minhas ideias a Pye, que deu mostras de maior compreensão. Mas ele me explicou que, se estudasse uma reação química e obtivesse um resultado "turbulento" e não periódico, consideraria fracassada a experiência e jogaria o seu registro no lixo. Retrospectivamente, esta história ilustra bem o que foi o impacto científico do caos. Quando um resultado turbulento ou caótico é obtido agora, reconhecem-no pelo que ele é e o analisam cuidadosamente.

Escrevi um pequeno artigo contendo minhas ideias sobre as reações químicas e o submeti para publicação a uma revista científica. Ele foi rejeitado, mas em seguida foi aceito por outra revista.[5] Mais tarde, reações químicas caóticas foram observadas e de fato deram lugar à primeira reconstrução explícita de um atrator estranho, feita por um grupo de químicos de Bordéus.[6]

Acabo de relatar alguns episódios dos primórdios da teoria do caos, tais como os vi e vivi. Alguns anos mais tarde, o caos entrou na moda e foi assunto de conferências internacionais. Depois, o caos foi promovido à dignidade de *ciência não linear* e foram criados diversos institutos de pesquisa para estudá-lo sob este novo nome. Novas revistas científicas surgiram, inteiramente consagradas à ciência não linear. O êxito do caos ganhou as dimensões de um acontecimento de mídia, e poderíamos pensar que os pesquisadores que trabalham neste campo cantam e dançam nas ruas para festejar seu triunfo. Alguns cantam e dançam, de fato, e outros não. Gostaria de explicar por quê.

Para tanto, preciso falar do papel devastador dos modos na ciência contemporânea, papel mais importante nos Estados Unidos do que na França, mais importante na física do que na matemática, mas em nenhum lugar desprezível. Os modos agem sobre a sociologia e sobre o financiamento da ciência. Um assunto especializado (como o caos, a teoria das cordas ou os supercondutores de alta temperatura crítica) torna-se moda por alguns anos, para ser depois abandonado. Entrementes, o assunto foi invadido por hordas de pessoas atraídas não pelas ideias científicas, e sim pelo sucesso e pelo dinheiro. A atmosfera intelectual do assunto evidentemente se ressente disso, muitas vezes de maneira desastrosa.

Darei apenas um pequeno exemplo pessoal dessa mudança de atmosfera. Depois da publicação de minha nota sobre as oscilações químicas, acima mencionada, um colega me disse: "Esse artigo fez muito sucesso, eu tentei encontrá-lo na biblioteca da universidade e ele tinha sido cortado da revista com uma gilete". Não dei importância ao fato até que recebi, algum tempo depois, uma carta de outra biblioteca universitária sobre um outro artigo meu[7] que fora mutilado arrancando-se a primeira página. Tratava-se claramente, dessa vez, de tornar o artigo inutilizável, e não de obter uma cópia barata.

O gênero de vandalismo de que acabo de falar continua sendo excepcional, mas é característico de uma nova situação. O problema já não é convencer os colegas de que suas ideias controvertidas representam a realidade física. O problema é derrotar a concorrência a qualquer custo e, assim, conquistar a notoriedade... e os créditos de pesquisa.

Voltemos ao sucesso obtido pela teoria do caos. Esse sucesso foi benéfico para as matemáticas, nas quais a teoria dos sistemas dinâmicos diferenciáveis ganhou com as ideias novas sem degradar a atmosfera de pesquisa (a dificuldade técnica das matemáticas torna difícil a enganação). Na física do caos, infelizmente, o sucesso foi acompanhado de um declínio da produção de resultados interessantes, e isso apesar dos anúncios triunfalistas de resultados retumbantes. Quando as coisas se tiverem assentado e apreciarmos sobriamente a dificuldade dos problemas que se colocam, talvez vejamos surgir uma nova onda de resultados de alta qualidade.

Notas

1. J. B. McLaughlin e P. C. Martin, Transition to turbulence of a statically stressed fluid, *Phys. Rev. Lett.*, v. 33, p. 1189-92, 1974; J. P. Gollub e H. L. Swinney, Onset of turbulence in a rotating fluid, *Phys. Rev. Lett.*, v. 35, p. 927-30, 1975.
2. T. Li e J. A. Yorke, Period three implies chaos, *Amer. Math. Monthly*, v. 82, p. 985-92, 1975. Este artigo muito bem escrito mostra que, para uma classe extensa de aplicações de um intervalo de reta em si mesmo, a existência de um ponto periódico de período

3 implica a existência de pontos periódicos de todos os outros períodos. É essa situação complicada que o artigo chama de *caos*. Esse nome teve um sucesso extraordinário, mas hoje cobre uma situação diferente da tratada por Li e Yorke. (Uma evolução temporal com numerosas órbitas periódicas nem sempre apresenta dependência hipersensível das condições iniciais, o que é a definição atual do caos. De fato, as muitas órbitas periódicas podem não estar sobre um atrator e, assim, não ter nenhuma relação com o comportamento de regime do sistema.) Depois de certo tempo, percebeu-se que o resultado de Li e Yorke era um caso particular de um teorema mais antigo de Šarkovskii. Consideremos uma *aplicação unimodal* $f : [-1,1] \mapsto [-1,1]$, isto é, uma aplicação contínua com $f(-1) = f(1) = -1$, f crescente sobre [1,0], decrescente sobre [0,1]. Introduzamos agora a seguinte ordem pouco habitual sobre os inteiros:

$$3 \succ 5 \succ 7 \succ \ldots 2.3 \succ 2.5 \succ 2.7 \succ \ldots$$

$$2^n.3 \succ 2^n.5 \succ 2^n.7 \succ \ldots$$

$$2^n \succ \ldots 4 \succ 2 \succ 1$$

(primeiro os números ímpares, depois os números ímpares multiplicados por dois, quatro, oito, ... e finalmente as potências de dois em ordem decrescente). O notável teorema de Šarkovskii afirma que se $p \succ q$ e se f tem um ponto periódico de ordem p (portanto $f^p x = x$ e $f^m x \neq x$ para $m < p$), então f tem um ponto periódico de ordem q. Tornamos a encontrar, em especial para $p = 3$, o resultado de Li e Yorke. Eis aqui a referência original: A. N. Šarkovskii. Coexistence de cycles d'une application continue de la droite dans elle-même, *Ukr. Mat. Z.*, v. 16, p. 61-71, 1964. Este teorema mostra, entre outras coisas, que seria um erro desprezar o conteúdo das revistas matemáticas ucranianas.

3. M. J. Feigenbaum, Quantitative universality for a class of nonlinear transformations, *J. Statist. Phys.*, v. 21, p. 669-706, 1979. A ideia de um estudo matemático utilizando o computador (mais rigoroso), dos resultados de Feigenbaum, é descrita em O. E. Lanford, A computer-assisted proof of the Feigenbaum conjectures, *Bull. Amer. Math. Soc.*, v. 6, p. 427-34, 1982. A importante extensão de uma a várias dimensões é analisada em P. Collet, J.-P. Eckmann e H. Koch, Period doubling bifurcations for families of maps on R^n, *J. Statist. Phys.* v. 25, p. 1-14, 1981. Isso permite tratar os sistemas de tempo contínuo que aparecem nas aplicações físicas. Casualmente, a palavra universidade no título do artigo de Feigenbaum faz referência a um aspecto técnico do *Groupe de Renormatisation*. Isso não significa que o caos possa somente ser atingido por uma cascata de duplicações de período (essas cascatas não são, de fato, muito frequentes). Há muitas maneiras diferentes de se alcançar o caos. Algumas delas, particularmente importantes, foram examinadas por J.-P. Eckmann em seu trabalho Roads to Turbulence in dissipative dynamical sistems, *Rev. Mod. Phys.*, n.53, p. 643-54, 1981. As cascatas de duplicação de período foram observadas em muitas experiências, em especial por Albert Libchaber em seus estudos sobre convecção. Ver A. Libchaber, C. Laroche e S. Fauve, Period doubling cascade in mercury, a quantitative measurement, *J. de Physique-Lettres*, 43 L, p. 211-6, 1982.

4. K. Pye e B. Chance, Sustained sinusoidal oscillations of reduced pyridine nucleotide in a cell-free extract of *Saccharomyces carlsbergensis*, *Proc. Nat. Acad. Sci.* US, v. 55, p. 888-94, 1966.

5. D. Ruelle, Some comments on chemical oscillations, *Trans, NY Acad. Sc. Ser II*, v. 35, p. 66-71, 1973.

Acrescentemos aqui mais algumas palavras acerca dos artigos recusados pelas revistas científicas. Para muitas carreiras mais ou menos científicas, a publicação de artigos em revistas científicas é uma necessidade administrativa. Em outras palavras, as nomeações e promoções são decididas com base no número de artigos publicados. Esta situação obriga muitos indivíduos que não têm nem interesse nem capacidade para fazer pesquisa científica a escreverem artigos e a submeterem-nos a revistas. Os *referees*, que são pesquisadores profissionais, são inundados de artigos medíocres, sobre os quais eles têm de redigir relatórios. Como eles têm coisas mais interessantes para fazer, os relatórios são, muitas vezes, apressados e superficiais. Aceitam-se os artigos que têm um ar razoável, rejeitam-se os que parecem realmente maus, e os bons artigos que são um pouco originais e fora da norma são, com frequência, recusados também. O problema é conhecido, mas não há solução à vista. Felizmente, há muitas revistas científicas, e um artigo realmente bom vai acabar sendo publicado em algum lugar.

6. J. -C. Roux, A. Rossi, S. Bachelart e C. Vidal, Representation of a strange attractor from an experimental study of chemical turbulence, *Phys. Letters* 77 A, p. 391-3, 1980.

7. D. Ruelle, Large volume limit of the distribution of characteristic exponents in turbulence, *Commun. Math. Phys.*, v. 87, p. 287-302, 1982.

O problema da desonestidade na pesquisa científica é delicado. A opinião aceita tradicionalmente é que o nível ético da pesquisa científica é muito alto, e a desonestidade é excepcional. Essa concepção tradicional é hoje muito atacada e a desonestidade é abertamente discutida como um fator importante da qualidade da ciência. Gostaria de apresentar de maneira breve os dois principais domínios da desonestidade científica: o *roubo de prioridade* e a *falsificação dos dados*.

A questão de prioridade é "quem foi o primeiro que fez a descoberta?". Um belo exemplo de briga pela prioridade foi a que opôs Newton a Leibniz sobre a invenção do cálculo diferencial. Se você for um cientista consciencioso, indicará a fonte de todas as ideias que utilizar (supondo que você se lembre). Se você não tiver escrúpulos, apresentará como sendo seus resultados de outros pesquisadores. Suponhamos, por exemplo, que você encontre uma boa ideia num artigo de que você é *referee*; você tentará reter o artigo, e se apressará a publicar a ideia em seu próprio nome (ou a fará publicar por um de seus alunos).

A falsificação de dados é bem pior. Infelizmente se constatou que fraudes desta espécie não eram raras na pesquisa biomédica nos Estados Unidos (contando até com a invenção de "observações clínicas" de pacientes inexistentes). Uma das razões dessas fraudes é que não poucas pessoas escrevem artigos científicos unicamente por razões de carreira profissional, e a verdade científica lhes interessa muito pouco. Há, depois, a pressão sempre presente que nos força a fornecer resultados se quisermos receber créditos.

Eu mesmo trabalhei em certos campos em que podia discutir livremente as minhas ideias com os colegas e em outros em que era melhor ficar calado para evitar o roubo de ideias. A primeira situação é não só mais agradável, como *também é mais favorável ao progresso científico.*

As matemáticas são relativamente pouco atingidas pela desonestidade, porque são um vasto campo, e relativamente poucas pessoas trabalham num mesmo problema. Não há falsificação de dados e o roubo de ideias é difícil porque as ideias são complexas. Há, no entanto, brigas pela prioridade (pense-se em Newton e Leibniz), há personagens duvidosos e não há nenhuma garantia de que a situação relativamente satisfatória em que nos achamos vá durar indefinidamente.

CAPÍTULO 12

O CAOS: CONSEQUÊNCIAS

Muitos trabalhos recentes sobre o caos são, como disse no capítulo precedente, de qualidade inferior. E isso indispôs muitos cientistas, em particular os matemáticos que haviam contribuído de maneira essencial à gênese do assunto. Que resta, então, se esquecermos as pretensas descobertas sem base séria e a massa dos cálculos sem interesse? Pois bem, resta um conjunto notavelmente interessante de conceitos e de resultados, dos quais vou agora examinar alguns exemplos, tentando mostrar para que podem servir as novas ideias.

Em primeiro lugar, lembremo-nos de que os matemáticos conhecem o fenômeno de dependência hipersensível das condições iniciais desde os trabalhos de Hadamard no final do século XIX (e esse conhecimento nunca se perdeu). No entanto, os computadores nos forneceram imagens inesperadas de atratores estranhos. Essas imagens, de estrutura delicada e não raro muito belas, provocam a nossa imaginação e também levantam problemas matemáticos novos e difíceis, que mantêm os especialistas em suspense. Gostaria de falar com mais calma deste assunto fascinante, mas as questões envolvidas são realmente técnicas demais para serem discutidas aqui. E até mesmo omitirei a discussão de um bom número de problemas técnicos interessantes relativos ao caos na física e na química.

Voltemos, portanto, a nosso ponto de partida: a turbulência dos fluidos. Os especialistas em hidrodinâmica gostariam de ter uma teoria da *turbulência desenvolvida*. Eles sonham com um enorme recipiente cheio de fluido turbulento. Imaginam também que vemos a mesma coisa quando observamos um metro cúbico de fluido ou quando observamos um centímetro cúbico! Mais precisamente, se mudarmos a escala de comprimento, deveremos ver a mesma coisa que se mudarmos a escala de tempo de maneira apropriada. Tornamos a encontrar aqui, como no estudo da cascata de Feigenbaum, esta ideia de *invariância de escala*, que desempenha um papel tão grande na física moderna. Satisfaz a turbulência real à invariância de escala? Não o sabemos. A teoria de Kolmogorov, que é uma boa teoria aproximada da turbulência, é invariante de escala. Mas essa teoria não pode ser totalmente correta, pois supõe que a turbulência é espacialmente homogênea. Ora, observamos sempre num fluido turbulento pequenas regiões de atividade intensa que se destacam sobre um fundo relativamente tranquilo (isto é verdade em todas as escalas!). Os especialistas em hidrodinâmica continuam, portanto, a procurar a teoria correta que dará conta da não homogeneidade espacial da turbulência.

Os atratores estranhos e o caos esclareceram o problema do aparecimento da turbulência, mas não o problema da turbulência desenvolvida. Todavia, mesmo que não tenhamos uma verdadeira teoria da turbulência, sabemos agora que tal teoria deve necessariamente fazer intervir a dependência hipersensível das condições iniciais. Assim, numa análise moderna da teoria de Kolmogorov, já não tentaremos identificar os *períodos* dos modos, e sim os *tempos característicos* de separação de duas evoluções temporais do sistema, começando com condições iniciais próximas. Trata-se de um progresso conceitual importante.

De acordo com as ideias de Edward Lorenz, a meteorologia lucrou muito com a noção de dependência hipersensível das condições iniciais. De fato, segundo Lorenz, o bater de asas de uma borboleta, depois de certo tempo, terá como efeito mudar completamente o estado da atmosfera terrestre (é o que chamamos "efeito borboleta").

Agora que dispomos de imagens tomadas por satélites que nos mostram as nuvens, é relativamente fácil (conhecendo a direção do vento) prever o tempo que vai fazer com um ou dois dias de antecedência. Para ir além disso, os meteorologistas introduziram modelos de *circulação geral da atmosfera*. A ideia é cobrir a superfície da Terra com uma rede de pontos, e identificar certo número de parâmetros meteorológicos em cada ponto da rede (pressão barométrica, temperatura etc.). Em seguida, simula-se em computador a evolução temporal desses dados. Os dados iniciais (ou seja, os valores dos parâmetros meteorológicos num dado momento escolhido como momento inicial) são obtidos a partir de observações terrestres, aéreas e por satélite. O computador utiliza esses dados, a posição conhecida das montanhas e muitas outras informações para calcular o valor dos parâmetros meteorológicos num tempo posterior. Pode-se, então, comparar as predições com a realidade... A conclusão é que é preciso aproximadamente uma semana para que os erros se tornem inaceitáveis. É possível que isso se deva à dependência hipersensível das condições iniciais? Pois bem, se refizermos os cálculos com condições iniciais ligeiramente diferentes, veremos que as duas evoluções temporais calculadas divergem uma da outra aproximadamente tão rápido quanto divergem da evolução temporal que a própria natureza realiza. Para sermos honestos, devemos dizer que a evolução natural diverge de uma evolução calculada um pouco mais rápido do que duas evoluções calculadas divergem uma da outra. Há, portanto, algumas possibilidades de melhora (do programa do computador, da densidade da rede utilizada e da precisão com que os dados iniciais são avaliados). Mas já sabemos, de qualquer maneira, que não poderemos prever com precisão o tempo que vai fazer com mais de uma ou duas semanas de antecedência. Ao longo de suas análises, os meteorologistas encontraram certas situações (ditas de *bloqueio*) em que o tempo pode ser predito melhor do que de costume. Assim, temos certo controle da preditibilidade meteorológica, o que é bastante notável, tanto conceitual como praticamente.

Talvez você comece a se angustiar com o fato de que algum "diabinho" possa tirar partido da dependência hipersensível das condições iniciais e, mediante uma manipulação imperceptível, consiga desarrumar o curso cuidadosamente ordenado de sua existência. Vou agora avaliar quanto tempo isso levaria. As avaliações que vou apresentar são, pela natureza do tema, um pouco incertas e conjecturais. Mas as discussões que pude ter com alguns colegas indicam que, sem dúvida, elas não estão muito distantes da realidade.

As forças de gravitação, que atraem você para o centro da Terra e atraem a Terra na direção do Sol, agem também entre as moléculas do ar que respiramos e todas as outras partículas de matéria do Universo. Nosso diabinho, seguindo uma sugestão do físico britânico Michael Berry, suspende por um instante a atração gravitacional exercida sobre as moléculas de ar por um só elétron situado em algum lugar no limite do Universo conhecido. Evidentemente você não vai notar nada. Mas produz-se uma ínfima *deflecção* das trajetórias das moléculas de ar, e isso constitui uma mudança de condição inicial. Trataremos as moléculas de ar como bolinhas elásticas e concentraremos nossa atenção sobre uma delas. Depois de quantas colisões essa molécula (idealizada como bolinha elástica) vai evitar o encontro de outra molécula com que se teria chocado se o efeito gravitacional de um elétron distante não tivesse sido momentaneamente suspenso? Michael Berry, por meio de um cálculo mais antigo do matemático francês Émile Borel, mostrou que bastariam cerca de cinquenta colisões![1] Depois de uma minúscula fração de segundo, as colisões das moléculas de ar se tornaram, no detalhe, muito diferentes. Mas a diferença não é visível para você. Ainda não.

O ar em questão, podemos supô-lo em movimento turbulento: para isso, basta que haja um pouco de vento. Se houver turbulência, haverá dependência hipersensível das condições iniciais, e isso agirá sobre as flutuações microscópicas como as criadas por nosso diabinho, e as fará crescer. O resultado é que, ao cabo de cerca de um minuto, a interrupção momentânea do efeito gravitacional de um elétron nos confins do Universo produzirá um efeito macroscópico: os detalhes da turbulência na escala do milímetro já não são exatamente os mesmos. Mas você ainda não se dá conta de nada. Ainda não.

Contudo, uma mudança da estrutura da turbulência em pequena escala produzirá, depois de certo tempo, uma mudança da estrutura em grande escala. Há mecanismos para isso, e podemos avaliar o tempo necessário utilizando a teoria de Kolmogorov. (Como tinha dito, essa teoria não pode estar completamente certa, mas dará pelo menos uma ideia razoável das ordens de grandeza.) Suponhamos que estamos numa região turbulenta da atmosfera (uma tempestade seria excelente). Podemos então esperar que as manipulações de nosso diabinho tenham produzido, ao cabo de algumas horas (ou um dia), uma mudança da turbulência atmosférica na escala de vários quilômetros. Esta mudança é agora bastante perceptível: as nuvens têm uma forma diferente e o ritmo das flutuações do vento não é mais o mesmo. Mas talvez você diga que isso ainda não muda realmente o curso cuidadosamente ordenado de sua existência. Ainda não.

Do ponto de vista da circulação geral da atmosfera, o que o diabinho obteve ainda é apenas uma mudança de condição inicial bastante insignificante. Mas sabemos que depois de uma ou duas semanas a mudança afetará o conjunto da atmosfera do planeta.[2]

Imaginemos agora que você tenha organizado um piquenique no fim de semana com seu(sua) namoradinho(a) ou com seu patrão (ou patroa), pouco importa. Você acabou de estender uma bela toalha sobre a grama e eis que começa uma tempestade de granizo e de chuva, inesperada e realmente monstruosa, desencadeada pelo diabinho. Ela a obteve através de uma cuidadosa manipulação das condições iniciais (pois é, esqueci-me de dizer que esse diabinho é uma menininha). Está convencido agora de que o curso cuidadosamente ordenado de sua existência pode ser alterado? De fato, a ideia da diabinha era causar uma catástrofe aérea que destruísse um avião em que você estivesse, mas eu a dissuadi, para não incomodar os outros passageiros.

Voltemos agora à aplicação do caos às ciências naturais. Todos sabem que a Terra possui um campo magnético que age sobre as agulhas das bússolas. De tempos em tempos, esse campo magnético muda de polaridade; há, portanto, períodos em que o polo magnético norte fica perto do polo geográfico sul, e vice-versa. As inversões do campo magnético terrestre ocorrem irregularmente a intervalos da ordem de um milhão de anos. (Sabe-se que essas inversões ocorreram porque deixaram rastros na magnetização de certas rochas eruptivas que podem ser datadas.) Os geofísicos admitem que há lentos movimentos de matéria por convecção no interior do globo terrestre. Estes movimentos dão lugar a correntes elétricas, e o campo magnético observado é então gerado por um *mecanismo dínamo* análogo ao de um gerador elétrico. Esse estranho dínamo pode ter uma evolução temporal caótica, e isso explicaria as mudanças ocasionais que ocorreram na polaridade do campo magnético terrestre. Infelizmente, não dispomos de uma teoria pormenorizada que torne esta interpretação caótica totalmente segura.

Uma aplicação ao mesmo tempo bela e muito convincente do caos se deve a Jack Wisdom e diz respeito aos "buracos" no cinturão de asteroides que circulam entre Marte e Júpiter. O cinturão é composto de muitos pequenos corpos celestes que giram ao redor do Sol. Mas a certas distâncias do Sol não há asteroides, e esses "buracos" no cinturão durante muito tempo tornaram perplexos os estudantes da mecânica celeste. Foram propostas teorias que predizem corretamente a posição dos buracos com base nos mecanismos de *ressonância* não totalmente claros, mas elas predizem também outros buracos que não são observados. A explicação correta, baseada em estudos minuciosos feitos em computador, parece ser a seguinte. Os asteroides nas regiões ressonantes têm uma órbita de forma caoticamente variável. Para certas ressonâncias, esta variação de forma leva o asteroide a cruzar a órbita do planeta Marte, o que provoca uma colisão e o desaparecimento do asteroide. Desta maneira, certas regiões ressonantes são esvaziadas e substituídas por buracos, enquanto outras não o são. Para decidir se uma região ressonante é ou não esvaziada, somos levados a fazer um estudo bastante difícil de dinâmica caótica, que requer o uso de um computador.[3]

Voltemo-nos brevemente agora para a biologia. Eis aí um campo onde se vê toda espécie de oscilações: oscilações químicas, como nas experiências de Pye e Chance mencionadas atrás, ritmos circadianos (alternância diária de períodos de atividade e repouso), os batimentos cardíacos, as ondas eletroencefalográficas etc. O interesse atual pelos sistemas dinâmicos estimulou muitos estudos, mas a precisão que pode ser obtida nas experiências de biologia é bem menor do que a que alcançamos na física ou na química e, portanto, a sua interpretação é menos segura. Se há caos, pode ele ser útil? Ou não passa de um sintoma patológico? As duas ideias foram propostas no caso do ritmo cardíaco. Claramente, é uma boa ideia estudar os sistemas biológicos como sistemas dinâmicos, e esta ideia inspirou alguns trabalhos excelentes. Mas são publicados muitos estudos de que não se pode extrair nada de útil, e parece que ainda temos de esperar para que surjam resultados sólidos sobre o caos biológico.

Gostaria de concluir este capítulo com algumas considerações gerais que mostram por que é difícil analisar o caos em biologia, em ecologia, em economia e nas ciências sociais. O estudo quantitativo do caos num sistema necessita de uma compreensão quantitativa da dinâmica desse sistema. Esta compreensão não raro é baseada num bom conhecimento das equações de evolução temporal do sistema, que podem então ser integradas com precisão no computador. Esta situação prevalece na astronomia do sistema solar, na hidrodinâmica e até na meteorologia. Em outros casos, como o das reações químicas oscilantes, não se conhecem as equações exatas de evolução temporal, mas podem-se obter experimentalmente registros longos e precisos chamados séries temporais. Com base nessas séries temporais, pode-se reconstruir a dinâmica, se ela for suficientemente simples (como é o caso das reações químicas oscilantes, mas não o da meteorologia). Na biologia e nas ciências "moles", não se conhecem boas equações de evolução temporal (modelos que fornecem um acordo qualitativo não bastam). Além disso, é difícil obter longas séries temporais de boa precisão, e finalmente a dinâmica, em geral, não é simples.

É preciso ver também que em muitos casos (ecologia, economia, ciências sociais), mesmo se chegássemos a escrever equações de evolução temporal, essas equações deveriam mudar lentamente com o tempo, porque o sistema "aprende" e muda de natureza. Para tais sistemas, portanto, o impacto do caos permanece no nível da filosofia científica, mais do que no nível da ciência quantitativa.[4] No entanto, o progresso é possível; lembremo-nos de que as considerações de Poincaré sobre a preditibilidade na meteorologia não eram nada mais do que filosofia científica, e agora esse campo faz parte da ciência quantitativa.

Notas

1. M. Berry, Regular and irregular motion, p. 16-120, em S. Jorna, *Topics in nonlinear dynamics*. A tribute to Sir Edward Bullard, Nova York: American Institute of Physics, 1978. Os cálculos de M. Berry (p. 95-6) baseiam-se em ideias mais antigas de E. Borel e B. V. Chirikov. Qual é o efeito gravitacional de uma massa distante sobre a colisão de duas bolinhas elásticas? Se as duas bolinhas estiverem inicialmente a distâncias diferentes da massa, serão atraídas diferentemente por ela, e a geometria da colisão será, portanto, ligeiramente diferente, conforme a massa esteja ou não presente. Se seguirmos uma dada bolinha, vemos que a diferença será amplificada exponencialmente nas colisões subsequentes. (A amplificação não é por um fator 2, como em nossa discussão simplificada no capítulo 7, e sim algo como ℓ/r, em que ℓ é a distância percorrida por uma partícula, e r seu raio.) Depois de n colisões, o ângulo entre a trajetória original e a trajetória modificada se torna da ordem de um radiano, e as duas trajetórias não têm mais nada a ver uma com a outra.

   Se a massa afastada for um elétron a 10^{10} anos-luz, e se as bolinhas elásticas forem moléculas de oxigênio (sob pressão e temperatura normais), então n = 56. Se a massa afastada for um ser humano a um metro de um bilhar, e se as bolinhas elásticas forem bolas de bilhar, então n = 9. Pelo menos este é o resultado da mecânica clássica. A mecânica quântica não permite nem mesmo um tiro certeiro de uma molécula de oxigênio sobre outra (n = 0). Para as bolas de bilhar, os efeitos quânticos permitem n = 15. (Teria sido, portanto, razoável apelar para a mecânica quântica em vez da mecânica clássica em nossa discussão, mas isso não tem nenhuma importância para o que se segue.)

2. O cálculo de M. Berry, a que já me referi na nota 1, mostra que uma ínfima mudança de condição inicial vai modificar completamente a estrutura das colisões entre moléculas de ar depois de um tempo muito curto. A estrutura microscópica do ar e as flutuações que aí ocorrem se tornam, portanto, completamente diferentes. Essas flutuações estatísticas dizem respeito à densidade, à velocidade etc., para pequenos elementos de volume de ar (em que o número de moléculas não é muito grande). Podemos avaliar o tempo necessário para que as flutuações estatísticas de que acabamos de falar sejam amplificadas pela dependência hipersensível das condições iniciais num fluido turbulento até atingir o nível macroscópico (digamos a escala de 1 cm). O cálculo utiliza a teoria de Kolmogorov sobre a turbulência. Esta teoria (por razões dimensionais) fornece um valor bem definido (com erro de um fator) para a velocidade de crescimento das perturbações. (De fato, o tempo de crescimento característico é proporcional ao "tempo de reviravolta" dos turbilhões - *eddies* - do tamanho macroscópico escolhido.) É preciso cerca de um minuto para passar das flutuações microscópicas a mudanças macroscópicas na estrutura da turbulência [ver D. Ruelle, Microscopic fluctuations and turbulence, *Physics Letters* 72 A, p. 81-2, 1979]. O tempo necessário para ultrapassar as pequenas escalas é proporcional ao tempo de reviravolta dos maiores turbilhões considerados (de acordo novamente com a teoria de Kolmogorov e dos argumentos dimensionais). Podemos estimar que são necessárias algumas horas ou um dia para atingir a escala de alguns quilômetros. Passemos agora ao nível da circulação da atmosfera sobre todo o planeta: o tempo necessário para amplificar uma pequena mudança de condição inicial numa situação globalmente diferente é avaliado pelos meteorologistas em uma ou duas semanas. [Os problemas de meteorologia aqui tratados são discutidos em M. Ghil, R. Benzi e G. Parisi, Turbulence and predictability in geophysical fluid dynamics and climate dynamics, *Soc. Ital. Fis.*, Bolonha (e North Holland, Amsterdã), 1985.]

   As estimativas que acabam de ser apresentadas são fortes, isto é, pouco dependem dos detalhes da maneira como se fazem os cálculos (porque os tempos estimados são logaritmos, ou se baseiam em argumentos dimensionais, e porque os tempos mais longos são determinados pelas maiores escalas). Portanto, se podemos, por exemplo, pôr em dúvida o uso da teoria de Kolmogorov sobre a turbulência, não esperamos que outra teoria dê resultados muito diferentes.

3. J. Wisdom, Chaotic behavior in the solar system, *Proc. Royal Soc. London* 413 A, p. 109-29, 1987. Cada asteroide tem uma órbita elíptica ao redor do Sol, mas a forma da órbita muda lentamente por causa da atração do planeta Júpiter. Essas mudanças de forma são importantes para certos valores ressonantes da distância até o Sol, ou mais precisamente do grande eixo médio da elipse. (O grande eixo médio determina o período de revolução pela terceira lei de Kepler e, quando o período de revolução do asteroide está em ressonância com o período de revolução de Júpiter, este último planeta exerce um forte efeito perturbador sobre o asteroide; dizem que há ressonância se os dois períodos têm uma relação p/q onde p e q são números inteiros bastante

pequenos.) Os estudos por computador mostram que, no caso ressonante, há variação temporal caótica da forma da órbita do asteroide (isto é, da relação entre o pequeno e o grande eixo da elipse). Quando essas variações são tais que os asteroides cruzam a órbita do planeta Marte, esses asteroides desaparecem por colisão, e se forma um buraco no cinturão. Os cálculos explicam assim o fato observado de que certas ressonâncias correspondem a buracos e outras não.

4. Os primeiros ensaios de estudo quantitativo do caos na biologia e nas ciências "moles" testemunharam um otimismo excessivo. Pensava-se, em particular, poder determinar a dimensão de muitos atratores associados a fenômenos naturais, utilizando um método chamado *algoritmo de Grassberger-Procaccia* [P. Grassberger e I. Procaccia, Measuring the strangeness of strange attractors, *Physica* D 9, p. 189-208, 1983]. Este método dá bons resultados quando o aplicamos a séries temporais longas e de boa qualidade, mas para as séries temporais curtas os resultados não têm valor [D. Ruelle, Deterministic chaos: the science and the fiction, *Proc. Royal Soc. London* 427 A, p. 241-8, 1990]. Quanto a uma outra ideia, que parece promissora, ver G. Sugihara e R. M. May, Nonlinear forecasting as a way of distinguishing chaos from measurement error in time series, *Nature*, v. 344, p. 734-41, 1990.

CAPÍTULO 13

ECONOMIA

Nós nos interessamos, nos capítulos anteriores, pelas evoluções temporais deterministas. Vimos que, se mudarmos um pouco o estado inicial de um sistema, a nova evolução pode divergir rapidamente (exponencialmente) da evolução original, até que os dois não tenham mais nada a ver um com o outro: é o fenômeno de *dependência hipersensível das condições iniciais*. Este fenômeno não requer um estado inicial particular (como um equilíbrio instável), mas pode ocorrer numa ampla classe de estados iniciais, e então se fala de *caos*. A predição do comportamento futuro de um sistema caótico é, por definição, severamente limitada, embora o sistema seja determinista. Os estudos destes últimos anos, em particular as simulações em computador, mostraram que muitos fenômenos naturais dão lugar a evoluções temporais caóticas. Gostaríamos de ver, pelo menos qualitativamente, que papel desempenha o caos na economia, na sociologia e na história da humanidade. Os problemas do âmbito dessas disciplinas com frequência nos tocam mais do que a circulação de asteroides entre Marte e Júpiter, ou até do que as previsões meteorológicas. Mas a análise desses problemas será necessariamente um pouco imprecisa e qualitativa. Para nos prepararmos para esta análise, vamos agora passar em revista algumas questões de princípio.

Voltemos, em primeiro lugar, às manobras da "diabinha" do capítulo anterior. Você talvez tenha pensado consigo mesmo que é totalmente impossível suspender a atração gravitacional entre partículas, mesmo durante uma fração de segundo, e mesmo se as partículas estiverem muito afastadas uma da outra. Você pode achar, também, que o Universo em que vivemos é o único universo possível, e que é sacrílego e inconcebível modificá-lo de alguma forma, que isso simplesmente não faz sentido. Mas é preciso entender que nossa discussão só diz respeito a uma *idealização* de nosso Universo. Nesta descrição idealizada, uma modificação inicial de uma pequenez absurda provoca, depois de algumas semanas, mudanças consideráveis. Esta é, pelo menos, uma conclusão importante quanto ao nosso controle intelectual da maneira como evolui o Universo.

Em que sistemas encontramos evoluções temporais caóticas? Suponhamos que você tenha um modelo de evolução temporal que corresponda a um sistema natural que lhe interessa. Como saber se esse modelo apresenta uma dependência hipersensível das condições iniciais? Se a evolução temporal do modelo pode ser analisada por computador, é certamente isso que deve ser feito para se constatar se o que você tem é ou não caos. À parte isso, infelizmente, só há critérios muito vagos. Para descrever esses critérios, vou voltar por um momento à utilização dos *modos*, que já examinamos longamente. Se há vários modos que oscilam independentemente, sabemos que a evolução temporal correspondente não é caótica. Introduzamos agora um *acoplamento* ou *interação* entre os diferentes modos. Isso quer dizer que a evolução de cada modo, ou oscilador, é a cada instante determinada não apenas pelo estado desse oscilador, mas também pelo estado dos outros osciladores. Em que caso o caos vai aparecer? Pois bem, *pelo menos três osciladores são necessários* para que seu acoplamento produza caos. Além disso, *quanto mais osciladores e quanto mais acoplamentos houver entre eles, mais poderemos esperar que haja caos.*

De modo mais geral, no tipo de sistemas dinâmicos que estamos considerando (sistemas de tempo contínuo), só podemos ter evolução temporal caótica num espaço de pelo menos três dimensões. Este é um teorema verificado, por exemplo, pelo atrator caótico de Lorenz, que se encontra de fato num espaço tridimensional. De resto, se introduzirmos interações entre sistemas independentes, tornaremos mais provável a presença do caos, sobretudo se as interações forem fortes (elas não devem ser muito fortes). Esta é com certeza uma asserção bastante vaga, mas útil na prática.

O ponto que vamos discutir agora merece reflexão. Mesmo que um sistema apresente o fenômeno de dependência hipersensível das condições iniciais, não quer dizer que não possamos predizer algo a respeito do futuro desse sistema. Isolar, sobre um fundo de caos, o que pode ser predito é um problema difícil e importante, que infelizmente está longe de ser resolvido. Para abordar este problema, estamos limitados, à falta de melhor opção, a utilizar o bom senso. Observemos que os seres vivos, em particular, têm uma notável aptidão para se adaptar às mudanças do meio ambiente por meio de mecanismos reguladores. Podemos, assim, fazer melhores predições a seu respeito do que sugere o caos circunstante. Posso, por exemplo, predizer que você está com uma temperatura corporal de cerca de 37° C, nem muito abaixo, nem muito acima, sem o que não estaria lendo este livro.

Uma última observação geral: a teoria habitual do caos trata de evoluções temporais recorrentes, ou seja, onde o sistema retorna incansavelmente a estados próximos a estados já visitados no passado. Este "eterno retorno" em geral só se apresenta em sistemas moderadamente complexos. A evolução histórica dos sistemas muito complexos é, pelo contrário, tipicamente de sentido único: a história não se repete. Nesses sistemas muito complexos e sem recorrência, temos geralmente dependência hipersensível das condições iniciais, mas coloca-se o problema de saber se esta é limitada por mecanismos reguladores ou se provoca efeitos importantes a longo prazo.

Voltemo-nos agora com segurança (ou talvez com temeridade) para os problemas da economia: podemos isolar evoluções temporais interessantes, moderadamente complexas e talvez caóticas?

Para nos fazermos compreender, vamos examinar um roteiro de desenvolvimento econômico de acordo com as ideias dos sistemas dinâmicos, e depois discutiremos esse roteiro de maneira crítica. A ideia do roteiro é traçar um paralelo entre, por um lado, a economia de uma comunidade em diversos estágios de desenvolvimento tecnológico e, por outro, um sistema físico dissipativo submetido a diversos níveis de forças exteriores. O sistema dissipativo será, por exemplo, uma camada de fluido viscoso aquecida por baixo, e o nível das forças exteriores é o nível de aquecimento. Evidentemente, não podemos esperar senão uma semelhança qualitativa entre o sistema econômico e o sistema físico.

Em níveis baixos de desenvolvimento tecnológico, podemos pensar que a economia esteja num estado estacionário correspondente ao estado estacionário de uma camada de fluido submetida a um aquecimento fraco. (Um estado estacionário é independente do tempo e, portanto, bastante desinteressante do ponto de vista da dinâmica.) Em níveis mais elevados de desenvolvimento tecnológico, ou de aquecimento, podemos contar com oscilações periódicas. De fato, *ciclos econômicos* aproximadamente periódicos foram observados. Em níveis ainda mais altos de desenvolvimento tecnológico, poderíamos ter uma superposição de duas ou três periodicidades diferentes, e os analistas econômicos viram tais coisas. Enfim, em níveis suficientemente altos de desenvolvimento, deveria haver uma economia turbulenta, com variações irregulares e uma dependência hipersensível das condições iniciais. Não deixa de ser razoável afirmar que atualmente vivemos numa tal economia.

Bastante convincente, não é? Qualitativamente, sim. Mas, se tentarmos fazer uma análise mais quantitativa, topamos imediatamente com o fato de que os ciclos e outras flutuações da economia ocorrem sobre um fundo geral de *crescimento*. Há uma evolução histórica de sentido único que não podemos esquecer. De resto, os ciclos econômicos têm seu caráter histórico: cada um é diferente; não assistimos simplesmente à repetição monótona do mesmo fenômeno dinâmico. Se tentamos dar uma interpretação dinâmica dos fenômenos econômicos, vêm-nos à mente as ideias de John M. Keynes e de seus sucessores. Todavia, a maioria dos economistas considera hoje que essas ideias, aliás muito interessantes, têm um valor preditivo limitado. Em outras palavras, a economia (e mais precisamente a macroeconomia) não pode ser analisada de maneira convincente como sistema dinâmico moderadamente complexo, mesmo que se assemelhe a um tal sistema por certas características.

Acho, porém, que nosso roteiro não é completamente falso e que seu valor não é meramente metafórico. Por quê? Porque não utilizamos certas propriedades sutilíssimas dos sistemas dinâmicos, mas, pelo contrário, robustos fatos de base. Um desses fatos é que um sistema complexo, ou seja, um sistema composto de vários subsistemas que interagem fortemente, tem mais possibilidades de ter uma evolução temporal complicada do que um sistema simples. Isto deveria aplicar-se em particular aos sistemas econômicos, e o desenvolvimento tecnológico é uma maneira de exprimir a complexidade. Outro fato de base é que o tipo mais simples de evolução temporal é um estado estacionário: não há dependência do tempo, o sistema permanece constantemente semelhante a si mesmo. Se considerarmos sistemas com "eterno retorno", as evoluções temporais não estacionárias mais simples são as oscilações periódicas. Em seguida vêm as superposições de duas ou mais oscilações (ou modos), e finalmente o caos. Se chegarmos a subtrair o fundo de crescimento econômico geral, podemos esperar que estas observações se apliquem aos sistemas econômicos. Nosso roteiro, mesmo que tenha escasso valor quantitativo, pode, portanto, ser razoável qualitativamente. Vamos agora examinar uma de suas consequências.

Uma ideia fundamental da sabedoria econômica é que a liberdade do comércio e a supressão das barreiras econômicas são boas para todos. Suponhamos que o país A e o país B produzam, ambos, escovas de dentes e pasta dentifrícia para seu consumo interno. Suponhamos também que o clima do país A é mais favorável ao crescimento e à colheita de escovas de dentes, ao passo que o país B possui ricas jazidas de excelente pasta dental. Se uma economia de livre troca é instaurada, o país A produzirá escovas de dentes baratas, o país B produzirá pasta dental barata, e esses produtos serão trocados entre os dois países para lucro de todos. Mais comumente, os economistas mostram (sob certas condições) que uma economia de livre troca conduzirá a um equilíbrio ótimo para os produtores de diversos bens econômicos. Mas o que é preconizado é, de fato, a criação de um sistema econômico complexo obtido pelo acoplamento de diversas economias locais. E isso, como já vimos, pode dar lugar a uma evolução temporal complicada, caótica, mais do que a um equilíbrio agradável. (Tecnicamente, os economistas permitem que um "equilíbrio" seja um estado dependente do tempo, mas não que tenha um futuro imprevisível.) Se voltarmos aos países A e B, veremos que, ao acoplarmos suas economias, ligando-as às economias dos países C, D etc., podemos criar uma situação instável que dará lugar a oscilações econômicas incontroladas. Isso ameaça prejudicar a indústria de escovas de dentes e de pasta dental, produzindo consequentemente inúmeras cáries dentárias. Entre outras coisas, portanto, o caos contribui para as dores de cabeça dos economistas.

Vou dizer as coisas de maneira mais direta. Os tratados de economia examinam minuciosamente as situações de equilíbrio entre agentes econômicos capazes de prever exatamente o futuro. Esses tratados podem dar a impressão de que o papel dos legisladores e dos oficiais responsáveis é encontrar e implementar um equilíbrio particularmente favorável à comunidade. Os exemplos de caos em física ensinam-nos, porém, que certas situações dinâmicas, em vez de levar a um equilíbrio, provocam uma evolução temporal caótica e imprevisível. Os legisladores e os oficiais responsáveis devem, pois, admitir a possibilidade de que suas decisões, que supostamente produzem um melhor equilíbrio, produzam de fato oscilações violentas e imprevisíveis, com efeitos talvez desastrosos. A complexidade das economias modernas encoraja um tal comportamento caótico, e nossa compreensão teórica neste campo continua muito limitada.

A meu ver, restam poucas dúvidas de que a economia e as finanças forneçam exemplos de caos e de impreditibilidade (no sentido técnico). Mas é difícil falar mais a este respeito, porque não dispomos, neste caso, do tipo de sistemas bem controlados com os quais os físicos fazem as suas experiências. Acontecimentos exteriores, que os economistas chamam de *choques*, não podem ser desprezados. Esforços sérios foram feitos para analisar certos dados financeiros (que são mais bem conhecidos do que os dados econômicos), na esperança de isolar um sistema dinâmico moderadamente complicado. Tais esforços mostraram-se vãos. Achamo-nos, pois, numa situação irritante em que vemos evoluções temporais semelhantes às dos sistemas físicos caóticos, mas suficientemente diferentes para que não possamos analisá-las.[1]

Notas

1. Diversos estudos sobre o problema da economia e do caos estão reunidos na seguinte obra: P. W. Anderson, K. J. Arrow e D. Pines, *The economy as an evolving complex system*, Redwood City CA: Addison-Wesley, 1988. Esse livro originou-se de uma reunião em Santa Fé, da qual participavam economistas e físicos. É interessante notar que, de uma maneira geral, as pretensões dos economistas eram muito mais modestas do que as dos físicos. Ver também a nota 4, capítulo 12.

CAPÍTULO 14

EVOLUÇÕES HISTÓRICAS

O domínio natural de aplicação das ideias sobre o caos são as evoluções temporais com "eterno retorno". Para estas evoluções, o sistema retorna incansavelmente às mesmas situações. Em outras palavras, se o sistema está em certo estado em certo momento, ele voltará arbitrariamente a esse estado num momento ulterior.

O eterno retorno é observado na evolução temporal de sistemas moderadamente complicados, mas não na evolução de sistemas muito complicados. Por quê? A experiência que eu lhe sugiro agora vai mostrá-lo. Pegue uma pulga e coloque-a numa casa qualquer de um tabuleiro de xadrez rodeado por uma cerca (para impedir que a pulga fuja). A pulga vai começar a saltar ativamente em todos os sentidos e, ao cabo de certo tempo, tornará a passar pela casa de partida. É o caso de um sistema moderadamente complicado. Pegue agora cem pulgas e dê a cada uma delas um nome, ou então cole um número a elas. Quanto tempo você terá de esperar para rever todas as pulgas simultaneamente nas casas de onde elas haviam saído? A intuição e o cálculo mostram que será preciso um tempo tão enorme que não veremos jamais a coisa acontecer. Nunca veremos as pulgas voltarem simultaneamente às posições que ocupavam num momento anterior; durante um período de observação razoável, não veremos duas vezes a mesma configuração de pulgas.

Se você não tiver cem pulgas à disposição, poderá fazer uma simulação no computador, com hipóteses convenientes quanto à maneira como as pulgas saltam de uma casa a outra (não examinaremos aqui as hipóteses convenientes a escolher). Depois de observar atentamente as suas cem pulgas, você poderá escrever um artigo técnico relatando os resultados de seu estudo, com o título "Uma nova teoria da irreversibilidade". E você, sem dúvida, vai querer publicar seu artigo numa revista de física. Como a modéstia não compensa, você começará o artigo com uma frase do seguinte tipo: "Descobrimos um mecanismo completamente novo para explicar a irreversibilidade etc.", e submeterá sua prosa para publicação na *Physical Revue*, a grande revista americana de física. Evidentemente, seu artigo será recusado, e você receberá a cópia de três relatórios de *referees* que dizem que seu artigo não vale nada e por quê. Não desanime, reescreva-o levando em conta as observações dos *referees* e torne a apresentá-lo. Acrescente uma carta moderadamente indignada aos editores, indicando as contradições entre os relatórios dos diferentes *referees*. Haverá ainda algumas idas e voltas do seu manuscrito, e talvez você se torne responsável por algumas úlceras de estômago, mas não desista nunca. Com o tempo, seu artigo será aceito e publicado na *Physical Revue* e então, se ainda não o era antes, você terá se tornado um verdadeiro físico.

Voltemos agora ao eterno retorno. Por que apareceu a palavra *irreversibilidade*? Pois bem, se você gosta da ideia do eterno retorno, o mundo que nos cerca é muito decepcionante: a louça se quebra e os cacos não voltam a se juntar, as pessoas envelhecem e não rejuvenescem e, de uma maneira geral, o mundo de hoje é diferente do que era antes. Em suma, o mundo comporta-se irreversivelmente. E uma parte da explicação é simplesmente esta: se um sistema é suficientemente complicado, o tempo de que precisa para voltar a um estado já visitado é enorme (pense nas cem pulgas do tabuleiro de xadrez). Se você observar o sistema durante um tempo apenas moderadamente longo, não haverá eterno retorno, e seria melhor que você escolhesse uma outra idealização.

Suponhamos, por exemplo, que você volte às suas cem pulgas e as coloque, inicialmente, todas juntas numa mesma casa. Elas vão começar a pular em todos os sentidos e logo ocuparão toda a superfície do tabuleiro. Você poderá propor uma teoria segundo a qual as pulgas tendem a ocupar uniformemente o espaço colocado a sua disposição. Trata-se de uma teoria bastante boa, embora não leve em conta o eterno retorno, e embora as pulgas de fato não tenham nenhuma vontade de ocupar uniformemente o tabuleiro. O que elas querem mesmo é pular em todas as direções.

Agora, se observarmos o mundo complicado que nos cerca, se estudarmos a evolução da vida ou a história da humanidade, não esperaremos ver algum eterno retorno. Veremos talvez o eterno retorno em certos aspectos particulares do mundo, ou em pequenos subsistemas, mas não na evolução de conjunto. Esta última segue um desenvolvimento histórico de sentido único, para o qual nos falta atualmente uma idealização matemática útil. (Há certas ideias interessantes, porém, que examinaremos mais adiante.) Voltemos agora ao tema principal deste livro, o acaso. Tentaremos ver quanto pode o desenvolvimento histórico do mundo ser afetado por ínfimas mudanças de condição inicial, como aquelas de que era culpada a diabinha de um dos capítulos anteriores. Vários pontos exigem uma discussão cuidadosa, e vamos examiná-los um de cada vez.

Como já vimos, nossa diabinha não terá nenhuma dificuldade para mudar as condições climáticas e para soprar os grãos de pólen ou os frutos de dente-de-leão numa ou noutra direção. A sorte de cada planta particular é, neste sentido, obra do acaso. Que dizer dos animais? Pois bem, como naturalmente vocês sabem, a origem de cada indivíduo envolve um grande número de pequenos espermatozoides, dos quais só um, depois de uma espécie de corrida, se une ao gameta feminino. Deixo a você o cuidado de refletir sobre os pormenores do problema, mas acho que chegará a uma conclusão aflitiva. A saber, que as manobras da diabinha são responsáveis pelo fato de que você foi chamado a nascer, e não um irmãozinho ou uma irmãzinha com uma constituição genética um pouco diferente.

Mas mesmo que os indivíduos sejam diferentes, o aspecto de conjunto das coisas pode permanecer muito semelhante. Podemos prever com segurança que, sob certo clima, um certo tipo de solo será coberto por uma floresta de carvalhos, embora desconheçamos onde ficará cada árvore. Em suma, existem muitos mecanismos de regulação biológica, de convergência evolutiva e de necessidade histórica que tendem a apagar as excentricidades cometidas por nossa diabinha. Qual é a eficácia desses mecanismos? Levam eles ao determinismo histórico, ou seja, ao determinismo à escala dos grandes grupos de indivíduos?

Talvez seja preferível falar de determinismo histórico parcial, pois certos acontecimentos fortuitos como os organizados pela nossa diabinha não são apagados pela evolução subsequente, mas, pelo contrário, fixados, ao que parece, para sempre. Tomemos um exemplo. Todos os organismos vivos conhecidos são aparentados e utilizam essencialmente o mesmo *código genético*. Mais precisamente, a informação genética é escrita como uma série de símbolos (ou *bases*) que são os elementos de um alfabeto de quatro letras, e cada grupo de três bases consecutivas designa (em princípio) um aminoácido que entra na constituição de uma proteína. Vinte aminoácidos diferentes podem ser designados, e o código genético associa a cada trio de base um dos vinte aminoácidos. Se uma forma de vida inteiramente nova se desenvolvesse num outro planeta, não esperaríamos que ela fizesse uso do mesmo código genético. A estrutura dos seres vivos que povoam a Terra mudou consideravelmente ao longo da evolução, por mutação e seleção. Mas o código genético é de tal forma fundamental que se conservou essencialmente o mesmo, da bactéria ao homem. Sem dúvida, durante os primeiros hesitantes passos da vida, houve uma evolução do código genético. Mas, quando surgiu um sistema eficiente, ele eliminou os outros e sobreviveu sozinho.

O exemplo que acabo de discutir mostra como uma característica arbitrária pode ser escolhida pela evolução histórica e depois permanecer imutavelmente fixada. Existem outros exemplos. A evolução tecnológica, em particular, mostra muitos casos em que escolhas acidentais têm efeitos a longo prazo essencialmente irreversíveis. Brian Arthur[1] examinou certo número de situações deste gênero. Assim, ele observa que os primeiros automóveis tinham ou um motor de combustão interna ou um motor a vapor, com êxitos comparáveis. Uma penúria acidental de água teve efeitos desfavoráveis para os motores a vapor. A partir daí, os motores de combustão interna obtiveram maior interesse e um desenvolvimento tecnológico mais rápido, de modo que suplantaram os motores a vapor. É um pouco difícil, evidentemente, provar essa teoria. Mas a ideia de base de Brian Arthur é incontestavelmente correta: se duas tecnologias estão em competição, e uma obtém uma vantagem fortuita que lhe permite um desenvolvimento mais rápido, a disparidade aumentará, e logo a tecnologia em desvantagem será pura e simplesmente eliminada. (Isso faz lembrar a dependência hipersensível das condições iniciais, mas do ponto de vista matemático se trata de algo diferente.) De uma maneira geral, é claro que decisões bastante arbitrárias, como a de dirigir do lado esquerdo ou do lado direito da rua, não são fáceis de modificar.

Isto não significa que o chefe do governo possa explicar ao público que tomou uma decisão importante jogando cara ou coroa. Talvez seja exatamente isso que ele fez, e talvez fosse a maneira mais racional de agir. Mas ele terá de criar outra versão para contar aos jornalistas e lhes provar que, de fato, não havia alternativa razoável para a sua decisão. Os chefes políticos e militares de antigamente tinham menos inibições e introduziam um elemento aleatório em suas decisões, consultando certos oráculos. Evidentemente, uma fé cega nos oráculos é muito estúpida e leva com muita facilidade a consequências desastrosas. Mas o uso hábil da impreditibilidade oracular por um líder inteligente pode ter sido uma boa maneira de realizar uma estratégia probabilista ótima.

Notas

1. W. B. Arthur, Self-reinforcing mechanisms in economics, p. 9-31, em *The economy as an evolving complex system* (nota 1, capítulo 13).

CAPÍTULO 15

OS QUANTA: QUADRO CONCEITUAL

Acabamos de passar vários capítulos discutindo sobre a dependência hipersensível das condições iniciais e sobre o caos. Para nossa discussão, fizemos uso de certa idealização da realidade, chamada mecânica clássica e que se deve em larga medida a Newton. Mencionei muitas vezes a existência de uma melhor idealização, a mecânica quântica, cuja origem está ligada aos nomes de Max Planck, Albert Einstein, Niels Bohr, Louis de Broglie, Max Born, Werner Heisenberg, Erwin Schrödinger e muitos outros. No que diz respeito a certos aspectos da realidade (sobretudo aqueles que envolvem pequenos sistemas como os átomos), a mecânica clássica é inadequada e deve ser substituída pela mecânica quântica. Mas, para a vida comum, a mecânica newtoniana é totalmente satisfatória, e não devemos modificar o nosso exame do caos nesse nível.

O uso da mecânica quântica na descrição do mundo apresenta, do ponto de vista filosófico, um interesse todo particular. Com efeito, o *acaso* desempenha na mecânica quântica um papel essencial, como vou tentar mostrar. Como as outras teorias físicas, a mecânica quântica comporta uma parte matemática e uma parte operacional que indica como certo pedaço de realidade física é descrito pelos matemáticos. Tanto o aspecto operacional quanto o aspecto matemático podem ser apresentados claramente e não acarretam nenhum paradoxo lógico. Além disso, o acordo entre a teoria e a experiência é extremamente satisfatório. No entanto, a nova mecânica deu lugar a muitas controvérsias que envolvem seus aspectos probabilistas, a relação de seus conceitos operacionais com os da mecânica clássica, e também algo a que chamamos a *redução dos pacotes de ondas*. Essas controvérsias não se extinguiram completamente, e o caráter um pouco técnico das matemáticas envolvidas complica a discussão.

Quer você tenha ou não estudado a mecânica quântica, recomendo a leitura do pequeno livro de Richard Feynman chamado *QED*.[1] Esse livro apresenta uma visão profunda da estrutura conceitual da mecânica quântica, sem apelar para matemáticas difíceis. Serei aqui mais modesto e só apresentarei um esqueleto da teoria. O esqueleto em questão não tem nada de muito engraçado, e não me deterei nisso, mas um mínimo de apresentação é necessário para compreender como o acaso se manifesta na nova mecânica.

Lembremos que na mecânica clássica as posições e as velocidades aparecem como noções de base e que a evolução temporal dessas posições e velocidades é regida pela equação de Newton. Consideremos, também, teorias probabilistas nas quais os objetos de base são probabilidades, e teremos introduzido leis de evolução temporal dessas probabilidades. A mecânica quântica tem objetos de base chamados *amplitudes* (ou *amplitudes de probabilidade* – veremos por que logo adiante). Essas amplitudes são números complexos que substituem aqui os números reais mais familiares.[2] A parte matemática da mecânica quântica descreve a evolução temporal das amplitudes: a equação de evolução chama-se equação de Schrödinger. Do ponto de vista matemático, esta equação não tem muitos mistérios, mas é bastante técnica, e aqui só lhe podemos consagrar uma nota.[3] Observemos que as amplitudes têm uma evolução temporal determinista. A parte matemática da mecânica quântica contém também objetos chamados *observáveis*. Do ponto de vista técnico, são *operadores lineares*, e seu caráter abstrato impressionou muito os primeiros físicos que os utilizaram.

Enfim, dada uma observável, que chamaremos de A, e um conjunto de amplitudes, podemos calcular um número chamado *valor médio* de A, que escreveremos como < A >.[4]

Resumindo, a mecânica quântica diz-nos como as amplitudes evoluem ao longo do tempo e também como essas amplitudes permitem calcular o valor médio < A > de uma observável A.

E qual é a relação desses conceitos matemáticos com a realidade física? Vou supor, para ser um pouco concreto, que você é um experimentador e que seu campo é a física de partículas: você acelera partículas de energia muito alta, envia-as a um alvo e observa o que acontece. Você cercou o alvo com certo número de detectores I, II, III etc., e um detector disparará se uma partícula de espécie conveniente o atingir no tempo conveniente. (A espécie conveniente quer dizer a carga certa, a energia certa etc.; o momento conveniente quer dizer que, por exemplo, o detector II só é ativado depois de disparado o detector I, e por um intervalo limitado de tempo.) Você decide chamar de *acontecimento* A *a situação em que* I e II são disparados, ao passo que III não dispara. (O acontecimento A é a marca de um tipo particular de colisão que você julga observar na sua experiência.)

Agora você vai consultar as Sagradas Escrituras da mecânica quântica, e elas lhe dirão qual observável corresponde ao acontecimento A. (Os acontecimentos aparecem, portanto, como uma variedade particular de observável.) As Sagradas Escrituras lhe dirão também como calcular as amplitudes correspondentes à sua experiência. Então você poderá avaliar < A >. E agora um dogma fundamental da fé quântica afirma que < A > é a probabilidade de que o acontecimento A se realize. Mais precisamente, se você repetir a sua experiência um grande número de vezes, a proporção dos casos em que todos os detectores dispararão como exigido é < A >. Isto fornece a relação entre as matemáticas da mecânica quântica e a realidade física definida operacionalmente.

Notemos, *en passant*, que certos capítulos das Sagradas Escrituras da mecânica quântica ainda não foram escritos, ou pelo menos não de maneira definitiva. Em outras palavras, não conhecemos de maneira segura todos os pormenores das interações entre partículas, e é por isso que os físicos continuam a fazer experiências.

Desenvolveremos a seguir uma certa intuição física da mecânica quântica, mas a descrição esquemática que acabo de apresentar bastará para o exame dos problemas de base. Faço lembrar que estamos estudando um processo físico (por exemplo, uma colisão entre partículas) tomando um certo número de medidas (por exemplo, utilizando detectores). O conjunto das medidas tomadas define um acontecimento, e a mecânica quântica nos permite calcular a probabilidade desse acontecimento. (A ideia de medida nada tem de mágico: se você quiser saber o que se passa num detector, pode cercá-lo de outros detectores, tomar medidas e calcular as probabilidades correspondentes pela mecânica quântica.) Desta maneira, obtemos uma descrição do mundo profundamente diferente da que é dada pela mecânica clássica, mas que não acarreta nenhum paradoxo lógico.

Se lhe for agradável dizer que a mecânica quântica é determinista, ela o é: a equação de Schrödinger prediz sem ambiguidade a evolução temporal das amplitudes de probabilidade. Se você preferir dizer que a mecânica quântica é probabilista, não há problema: só as asserções físicas dizem respeito a probabilidades. (Estas probabilidades às vezes valem 0 ou 1, e temos então a certeza, mas não costuma ser esse o caso.)

Embora a mecânica quântica seja probabilista, ela não é uma teoria probabilista no sentido usual examinado no capítulo 3. Para ser mais preciso, lembremos que quando acontecimentos “A” e “B” são definidos numa teoria probabilista comum, um acontecimento “A e B” também é definido (com a significação intuitiva de que “A e B” ocorre se “A” ocorre e “B” também ocorre). Na mecânica quântica, “A e B” em geral não é definido: não se faz referência a “A e B” nas Sagradas Escrituras da mecânica quântica. Sem dúvida, isso é muito irritante: por que não dizer simplesmente que “A e B” ocorre se “A” ocorre e “B” também? Há uma dupla resposta para essa pergunta: matemática e física operacional. Fisicamente, o que acontece é que não podemos dispor de detectores que meçam ao mesmo tempo "A" e "B" (ou seja, que verifiquem ao mesmo tempo se "A" ocorre e se "B" ocorre). Você pode tentar medir primeiro "A" e depois "B" ou primeiro "B" e depois "A", mas as respostas em geral são diferentes! Muitas vezes exprime-se isso dizendo que a primeira medida perturba a segunda. Esta interpretação intuitiva, sem ser realmente falsa, é porém um pouco enganosa: sugere que o acontecimento "A e B" tem de fato um sentido, mas somos desajeitados demais para observá-lo experimentalmente. A teoria matemática da mecânica quântica, em compensação, é sem ambiguidade: "A e B" não tem sentido, em geral, porque os observáveis A e B não comutam.[5]

Tudo o que acabamos de afirmar a respeito dos acontecimentos quânticos é um tanto abstrato. Que podemos dizer a respeito de uma partícula que se desloca ao longo de uma linha reta? Segundo a mecânica clássica, tudo o que desejamos conhecer é a posição x e a velocidade v da partícula. Que dizer da mecânica quântica? Suponhamos que nossa partícula seja descrita por certas amplitudes de probabilidade. Ao estudarmos os acontecimentos "x está aqui" ou "x está ali", podemos determinar as probabilidades de achar a partícula em diversos lugares. (Pode acontecer que esses diversos acontecimentos acerca de x sejam observáveis que comutam e que, portanto, podem ser observadas simultaneamente.) Resumamos os resultados de nosso estudo dizendo que a partícula está muito próxima do ponto x_0, mas que há certa incerteza (ou erro provável) D_X sobre sua posição. Da mesma forma, podemos resumir a descrição probabilista da velocidade da partícula dizendo que ela está próxima de v_0, com uma incerteza Δ_v. Se as amplitudes de probabilidade que descrevem uma partícula fossem tais que Δ_x e Δ_v se anulassem ambas, então a posição e a velocidade seriam perfeitamente bem definidas. Mas isso é impossível, porque as observáveis "x" e "v" não comutam, e Werner Heisenberg demonstrou em 1926 que

$$m\,\Delta_x \,.\, \Delta_v \geq h / 4\pi$$

onde m é a massa da partícula, π = 3,14159... e h é uma quantidade muito pequena chamada *constante de Planck*. A desigualdade acima é a famosa *relação de incerteza de Heisenberg*. Ela demonstra claramente o caráter probabilista da mecânica quântica.

Mas, como já dissemos, a mecânica quântica não é uma teoria probabilista no sentido usual. O físico John Bell, ao estudar um sistema físico simples, mostrou que as probabilidades ligadas a esse sistema satisfaziam a desigualdades incompatíveis com uma descrição probabilista comum. O resultado de Bell mostra como a mecânica quântica está longe da intuição habitual.[6]

Como se pode imaginar, houve esforços corajosos (em particular os do físico David Bohm) para aproximar a mecânica quântica das ideias clássicas. Tais esforços são respeitáveis e necessários. Os resultados alcançados, porém, envolvem construções pouco naturais, e a maioria dos físicos as considera não muito convincentes. Uma das tentativas feitas para aproximar a mecânica quântica da intuição clássica habitual acabou incluída nas Sagradas Escrituras... e provocou não poucas dificuldades. Trata-se do dogma da redução dos pacotes de ondas. Este dogma diz respeito à medida sucessiva de duas observáveis A e B, e se propõe a dizer o que são as amplitudes de probabilidade depois da medida de A e antes da medida de B.

Como dissemos, este dogma leva a dificuldades e mais vale esquecê-lo. (Do ponto de vista da física, importa apenas que possamos avaliar as probabilidades associadas a "A e depois B".)

Mesmo reverenciando os padres que escreveram as Sagradas Escrituras, os físicos contemporâneos normalmente preferem não se ocupar da redução dos pacotes de ondas. Richard Feynman, por exemplo, em seu livro *QED*, só menciona o assunto numa breve nota de pé de página e se contenta em dizer que não quer ouvir falar a respeito.[7]

Notas

1. R. P. Feynman, *QED*, Princeton: Princeton University Press, 1985. A apresentação dada por Feynman à mecânica quântica é bastante diferente da apresentação mais tradicional, que discutiremos, mas em princípio lhe é equivalente.

2. Lembremos que um *número complexo* é um objeto matemático da forma $z = x + iy$, em que x e y são *números reais* (como 1,5 ou π ou -3), e onde o quadrado $i^2 = i \times i$ de i é -1. Podemos calcular com os números complexos como calculamos com os números reais. O número *complexo conjugado* de z é $\bar{z} = x - iy$; vemos facilmente que $z\bar{z} = x^2 + y^2$, e escrevemos $|z|$ = raiz quadrada positiva de $z\bar{z}$. Os números complexos são menos intuitivamente manejados do que os números reais, mas apresentam certas vantagens técnicas. Por exemplo, os números complexos têm sempre raízes quadradas (complexas).

3. *A equação de Schrödinger*

   Nesta nota e nas duas seguintes, vamos fazer um rápido exame de conjunto da mecânica quântica.

   Lembremo-nos em primeiro lugar da equação de Newton da mecânica clássica (nota 1, capítulo 5):

$$m_j \frac{d^2xj}{dt^2} = F_j \quad \text{para } j = 1, \ldots, N.$$

Vamos supor que exista uma função V de $x_1, \ldots, x_N$ (chamada função *potencial*) tal que

$$V_j = -\operatorname{grad}_{(j)V}$$

onde $\operatorname{grad}_{(j)}$ é o vetor das derivadas relativamente às componentes da posição $x_{(j)}$, da j-ésima partícula. Para os casos das interações gravitacionais, temos que

$$V(x_1, \ldots, x_N) = -\gamma \sum_{j<k} \frac{m_j m_k}{|x_k - x_j|}$$

Há na mecânica quântica uma amplitude $\psi(x_1, \ldots, x_N; t)$ para achar nossas N partículas nas posições $x_1, \ldots, x_N$ (no tempo t), e as amplitudes formam o que chamamos de *função de onda*. A evolução temporal de ψ é obtida resolvendo a equação de Schrödinger

$$\frac{ih}{2\pi} \frac{\partial}{\partial t} \psi = -\frac{h^2}{8\pi^2 m} \sum_j \Delta_{(j)} \psi + V\psi$$

onde i é a raiz quadrada de -1, h é uma constante (a constante de Planck), e $\Delta_{(j)}$ é o Laplaciano com relação a x_j, ou seja, $\Delta_{(j)\psi}$ é a soma das derivadas parciais segundas de ψ com relação às componentes de x_j.

Supomos que a integral 3N-dimensional

$$\int |\psi(x_1, \ldots, x_N; t)|^2 dx_1 \ldots dx_N = 1$$

para um certo valor de t; esta propriedade permanece então verdadeira para todos os valores de t.

4. Um operador linear A agindo sobre uma função φ de $x_1, ..., x_N$ produz uma nova função $A\varphi$ dessas variáveis, de modo que tenhamos $A(c_1 \varphi_1 + c_2 \varphi_2) = c_1 A \varphi_1 + c_2 A \varphi_2$ quando c_1 e c_2 são números complexos e φ_1, φ_2 são funções. Escrevamos agora

$$(\varphi_1, \varphi_2) = \int \overline{\varphi}_1 (X_1, \ldots, X_N) \varphi_2 (X_1, \ldots, X_N) \, dx_1 \ldots dx_N$$

onde $\overline{\varphi}_1$ é o complexo conjugado de φ_1. (Utilizamos sempre funções φ tais que (φ, φ) seja finito.) Se o operador linear A satisfaz

$$(\varphi_1, A\varphi_2) = (A\varphi_1, \varphi_2)$$

então dizemos que A é *autoadjunto*, e tais operadores são adequados para corresponder a observáveis físicas.

Por exemplo, a observável A correspondente à primeira componente x_{j1} da posição da j-ésima partícula é definida por

$$(A\varphi) (x_1, ..., x_{N)} = x_{j1} \varphi (x_1, ..., x_N)$$

(o produto de x_{j1} e de φ). A observável v_j correspondente à velocidade da j-ésima partícula satisfaz a

$$(v_j \, \varphi) (x_1, \ldots, x_N) = \frac{1}{m_j} \cdot \frac{h}{2\pi i} \, \text{grad}_{(j)} \, \varphi(x_1, \ldots, x_N)$$

O valor médio de A no tempo t pode agora ser definido, e é

$$< A > = (\psi, A\psi) = \int \psi \, (x_1, \ldots, x_N; t) \, dx, \ldots, dx_N$$

onde ψ é a função de onda do nosso sistema. (Demos a definição do valor médio para o *estado vetorial* definido pela função de onda ψ. Há valores médios mais gerais definidos por *matrizes densidade*, e que estão em correspondência mais estreita com as distribuições de probabilidade da teoria clássica das probabilidades.)

5. Se o operador autoadjunto A verifica $A^2 = A$, dizemos que A é uma *projeção*, e tais operadores são adequados para corresponder a *acontecimentos simples*. Sendo dados dois operadores lineares A e B, seu produto AB é o operador linear tal que $AB \, \varphi = A(B \, \varphi)$ para toda função φ. Em particular, se AB = BA, dizemos que os operadores A e B *comutam*. Se duas projeções comutam, seu produto AB também é uma projeção; esta projeção é adequada para corresponder ao acontecimento "A e B" se A e B representarem os acontecimentos "A" e "B". Se $AB \neq BA$, não há definição natural para uma projeção correspondente ao acontecimento problemático "A e B".

Um *acontecimento complexo* que descreve o acionamento ou o não acionamento de vários detectores corresponde a um operador autoadjunto que não é necessariamente uma projeção (mas é positivo, isto é, é o quadrado de um operador autoadjunto). Aqui, mais uma vez, podemos definir "A e B" quando A e B comutam.

6. Para ser honesto, devo dizer que as ideias de Bell não estão completamente de acordo com as que esbocei no presente capítulo. Ver J. S. Bell, *Speakable and unspeakable in quantum mechanics*, Cambridge: Cambridge University Press, 1987. (Esse livro, que reproduz uma coleção de artigos de Bell, foi muito bem recebido pela comunidade dos físicos.)

7. Ver a nota 8 da página 76 de *QED* (livro citado na nota 1). A redução dos pacotes de onda é uma das tentativas de transpor para o formalismo matemático da mecânica quântica mais do que é estritamente necessário para dar conta dos resultados experimentais. Não há nada a dizer contra essas tentativas *enquanto elas permanecem compatíveis com a experiência*. Outras maneiras de ampliar o quadro matemático da mecânica quântica foram propostas por David Bohm (ver o livro de Bell, nota 6) e por Robert Griffiths [R. B. Griffiths, Consistent histories and the interpretation of quantum mechanics, *J. Statist. Phys.*, v. 36, p. 219-72, 1984].

CAPÍTULO 16

OS QUANTA: CONTAGEM DE ESTADOS

Examinamos no capítulo anterior o esqueleto conceitual da mecânica quântica, mas não vimos muita carne física presa a esse esqueleto. Em suma, eis o que encontramos: a mecânica quântica fornece regras para calcular a probabilidade de diversos acontecimentos. É, portanto, uma teoria probabilista, mas não do tipo habitual, porque, para acontecimentos dados "A" e "B", o acontecimento "A e B" muitas vezes não é definido.

A carne da mecânica quântica acha-se evidentemente nas regras, na aplicação dessas regras a problemas específicos e na compreensão dos mecanismos físicos que decorrem daí. Não é este o momento de se fazer um exame técnico da mecânica quântica, mas é fácil e interessante desenvolver um pouco de intuição física. Não nos esqueçamos, porém, de que, quando os físicos desenvolvem um argumento intuitivo, eles o verificam por meio de cálculos que podem ser trabalhosos. Há sempre um pouco de mistificação nas apresentações não técnicas da ciência, apresentações que evitam todo cálculo trabalhoso: no nível técnico, as coisas são menos fáceis, mas também menos misteriosas.

Eu gostaria agora de apresentar um pequeno cálculo que recorre às matemáticas e à física do 2º grau, nada mais. Este cálculo não é realmente indispensável para o que se segue, mas merece o pequeno esforço que você vai consagrar a ele!

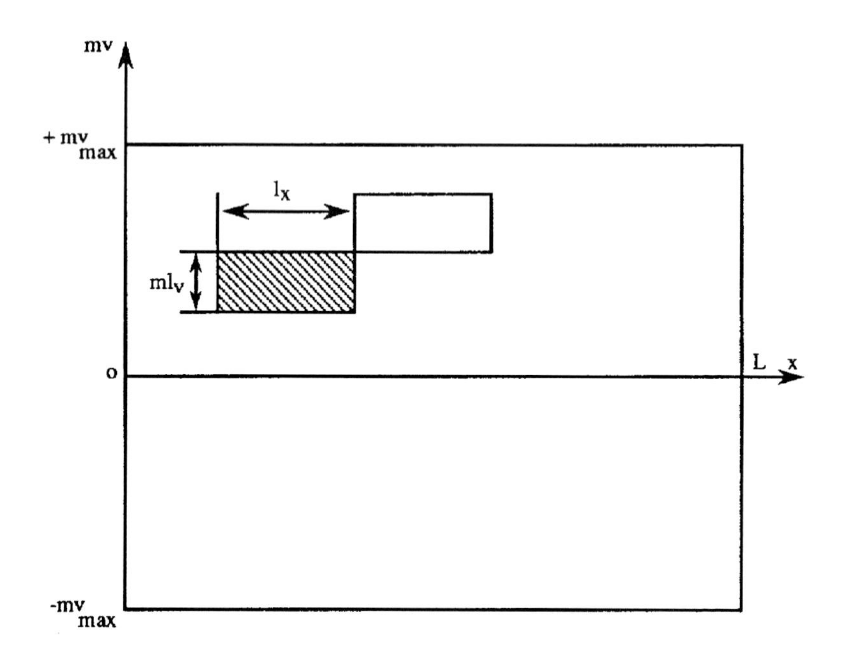

FIGURA 1 – Espaço das fases de uma partícula.
O retângulo grande é a região acessível à partícula. O pequeno retângulo hachurado dá a medida da indeterminação imposta pela incerteza quântica.

Vamos agora considerar, como no capítulo precedente, uma partícula de massa m que se move ao longo de uma linha reta, mas agora colocamos a partícula dentro de uma caixa. Mais precisamente, impomos à posição x da partícula que se encontre num intervalo de comprimento L. Impomos também à velocidade v que esteja compreendida entre $-v_{max}$ e v_{max} (a partícula pode, portanto, ir tanto para a esquerda quanto para a direita numa velocidade máxima v_{max}). Se traçarmos um diagrama da posição x e do produto mv (massa vezes velocidade), veremos que a região permitida para a partícula é o grande retângulo da Figura 1. Mas podemos escolher um estado da partícula concentrado numa região menor: o pequeno retângulo hachurado de lados ℓ_x e $m\ell_v$. Para este estado, a posição x é conhecida com uma incerteza de cerca de $\ell_v/2$. De acordo com a relação de incerteza de Heisenberg, devemos portanto escolher ℓ_x e ℓ_v de maneira que $ml_v \, . \, \ell_x \geq h/\pi$. De fato, um estudo mais cuidadoso mostra que o melhor que se pode fazer é tomar

$$m\ell_v \, . \, \ell_x = h$$

o que significa que o retângulo hachurado tem como superfície h. O espaço das variáveis x e mv chama-se *espaço de fases*. Traçamos um outro pequeno retângulo no espaço de fases, disjunto do primeiro e, portanto, correspondente a um estado completamente diferente de nossa partícula. Quantos estados completamente diferentes existem? O número procurado é a superfície do grande retângulo dividido pela superfície do pequeno retângulo:

$$\text{número de estados diferentes} = \frac{2mv_{max} \, . \, L}{h}$$

Um cálculo técnico sério confirmaria este resultado.[1] Aliás, é preciso ver que, se o número de estados diferentes é bem definido, esses estados, pelo contrário, podem ser escolhidos de diversas maneiras (a superfície dos pequenos retângulos é fixa e igual a h, mas sua forma pode ser escolhida de diferentes formas).

Tratemos agora da energia de nossa partícula, ou seja, da energia devida à sua velocidade, que chamamos de energia cinética. Se você tiver uma carta de motorista de um país de altos padrões intelectuais, talvez você tenha tido de conhecer a fórmula da energia cinética para passar no exame de habilitação. De qualquer forma, aí está a fórmula:

$$\text{energia} = \frac{1}{2} mv^2$$

(A energia cinética é igual à metade da massa vezes o quadrado da velocidade: se você bater seu carro de massa m com a velocidade v num muro, é a quantidade de energia que determina a demolição do muro, de seu carro e o seu próprio translado ao hospital.) Dizer que nossa partícula tem uma velocidade compreendida entre $-v_{max}$ e v_{max} equivale, portanto, a dizer que sua energia (cinética) vale no máximo

$$\mathcal{E} = \frac{1}{2} m v_{max}^2$$

Concluindo, se fecharmos uma partícula numa caixa e a obrigarmos a ter menos que certo valor de energia, então a partícula só pode ter um número finito de estados possíveis. Há certa arbitrariedade na maneira de escolher esses estados, mas um estudo técnico mostra que podemos escolhê-los de tal forma que cada um deles tenha uma energia precisamente definida. É o que exprimimos dizendo que *a energia é quantificada*: ela só pode assumir valores discretos. A quantificação da energia é característica da mecânica quântica e inteiramente contrária à intuição da mecânica clássica.

Em vez de uma partícula que se move ao longo de uma linha reta, consideremos agora uma honesta partícula livre para se mover nas três dimensões do espaço, e coloquemos esta partícula numa honesta caixa de volume v. É então possível calcular o número de estados da partícula que têm uma energia inferior a um valor dado $\mathcal{E}$. (O cálculo envolve as três relações de incerteza de Heisenberg para as três dimensões do espaço.) E eis aí a fórmula que se obtém:

$$\text{número de estados} = \frac{1}{h^3} \cdot \frac{4}{3} \pi \, (2m\mathcal{E})^{3/2} \cdot V$$

O profissional reconhecerá imediatamente que se trata do volume acessível no espaço de fases, medido em unidades de h^3. O espaço de fases tem neste caso 6 dimensões, dá a posição x da partícula e também o vetor mv (massa vezes velocidade).

A ideia de que podemos dizer algo de profundo sobre a natureza do universo físico manipulando alguns símbolos como h ou π pode parecer feitiçaria. E, consequentemente, uma fórmula como a que acabo de escrever provoca uma repulsa intensa em algumas pessoas, ao passo que produz um entusiasmo imoderado em outras. Os físicos naturalmente estão do lado dos entusiastas, satisfeitíssimos com seu papel profissional de feiticeiros modernos. No entanto, para as necessidades do presente livro, adotarei um ponto de vista profissional e quase não escreverei fórmulas.

Mas vejo que você ainda quer contar estados. Em vez de colocar uma partícula numa caixa, você quer colocar nela muitas partículas. De fato, você está pensando em utilizar como partículas moléculas de nitrogênio, de oxigênio, de hélio ou de algum outro gás, e gostaria de saber o que se pode dizer sobre um litro do gás em questão. A temperatura e pressão normais, um litro de gás contém cerca de $2{,}7 \cdot 10^{22}$ moléculas, ou seja, 27 000 000 000 000 000 000 000 (vinte e três algarismos no total). A sua calculadora de bolso talvez utilize a notação 2,7E22 para esse número. Os vulgarizadores científicos gostam de escrever "vinte e sete mil milhões de milhões de milhões", mas essa linguagem inepta não deve ser encorajada. De qualquer forma, você gostaria de saber quantos estados diferentes existem para um sistema de 2,7E22 moléculas de hélio num recipiente de um litro. Muito bem. Você ainda tem de me dizer qual é a energia total contida em seu litro de hélio. Uma opção razoável é tomar a energia correspondente ao movimento dos átomos de hélio na temperatura ambiente normal. Em outras palavras, você quer saber em quantos estados quânticos diferentes podemos encontrar um litro de hélio à temperatura comum. (Em vez de dizer *à temperatura comum*, dever-se-ia dizer *com uma energia total que não ultrapasse a de um litro de hélio à temperatura comum*. Mas acontece, e este é um ponto sobre o qual voltaremos a falar, que isso realmente não faz nenhuma diferença para o resultado.)

Eis aqui a resposta:[2]

número de estados = 1E50 000 000 000 000 000 000 000

Evidentemente, seria preferível escrever 5 seguido de 22 zeros sob a forma 5E22. Mas já pusemos um "E". Não será um erro?

Pois bem, não. O número de estados tem um número de algarismos que é 5E22 e, portanto, poderíamos escrevê-lo 1E5E22. Se você tivesse de escrever esse número *por extenso* numa folha de papel, precisaria de uma folha imensa e morreria antes de ter terminado o seu trabalho de anotação.

Números como 1E5E22, tão distantes da intuição comum, também provocarão em alguns uma repulsa intensa e em outros um entusiasmo imoderado. Uma atitude razoável é introduzir a seguinte definição:

entropia = número de algarismos do número de estados

(= 5E22 no presente caso)

Uma definição mais matemática seria que a entropia é o logaritmo do número de estados (eventualmente com um fator de proporcionalidade):

entropia = k log (número de estados)

Os detalhes não têm muita importância: utilize a definição que mais lhe agradar.

A entropia, portanto, aparece como uma maneira de apresentar sob forma compacta um número pouco manipulável de outro modo. Mas a utilidade da entropia certamente não se reduz a isso: é um conceito de importância física e matemática fundamental.

A ideia-chave é a seguinte: *a entropia dá a medida da quantidade de acaso presente num sistema.* Em particular, a entropia de dois litros de hélio vale duas vezes mais que a entropia de um litro, e a entropia de dez litros vale dez vezes mais (a temperatura e pressão normais). Em outras palavras, a entropia de um sistema é proporcional ao seu tamanho.

Notas

1. Uma discussão técnica séria acrescentaria um grão de sal à nossa análise: é impossível limitar estritamente a posição a um intervalo [0,L] e a velocidade a um intervalo $[-v_{max}, v_{max}]$ se L e v_{max} são finitos. (Tecnicamente, isto ocorre porque a transformada de Fourier de uma função de onda ψ de suporte compacto não pode ter um suporte compacto se $\psi \neq 0$.) Todavia, podemos conseguir tornar muito pequenas as probabilidades de que a posição esteja fora de [0,L] ou a velocidade, fora de $[-v_{max}, v_{max}]$. Os físicos sabem que as discussões em que utilizamos, como fizemos, pequenos retângulos não são totalmente corretas. Elas têm a vantagem de serem fáceis e de, não raro, fornecerem a resposta certa. No entanto, precisamos nos lembrar de que a mecânica quântica não é simplesmente uma teoria estatística baseada nas relações de incerteza de Heisenberg, ainda que esse ponto de vista muitas vezes forneça respostas corretas aos problemas simples.

2. Para N partículas num volume V com uma energia cinética total no máximo igual a $\mathcal{E}$, utilizamos a fórmula

$$\text{número de estados} = \frac{1}{N!}\, S_{3N} \left(\frac{1}{h_3} V(2m\mathcal{E})^{3/2}\right)^N$$

Trata-se, de novo, de um volume no espaço de fases, medido em unidades de h^{3N} e dividido pelo número de permutações N! para dar conta da indistinguibilidade das partículas. [h = 6,6 E - 34 Joules sec é a constante de Planck, S_{3N} é o volume da esfera de raio 1 a 3N dimensões, e m é a massa de uma partícula, aqui m = 7 E - 27 kg, V = E - 3 m^3, N = 2,7E22.] Tomamos $\mathcal{E} = 3NkT/2$ [k = 1,4 E - 23 Joules/grau Kelvin é a constante de Boltzmann, e T é a temperatura absoluta, neste caso 300 graus Kelvin]. Obtemos assim

$$\text{número de estados} \approx \frac{1}{h^{3N}} \left(\frac{V}{N}\right)^N (2\pi\, mkT)^{3N/2}\, e^{5N/2}$$

$$\approx 1E50\ 000\ 000\ 000\ 000\ 000\ 000\ 000$$

Deixamos de lado os problemas das estatísticas quânticas e do spin, já que tais problemas não são essenciais para a nossa discussão.

CAPÍTULO 17

ENTROPIA

Para refletir seriamente sobre um problema científico, podemos agir de diferentes maneiras. Alguns permanecem sentados à mesa de trabalho e fixam o olhar com uma intensidade dolorosa numa folha de papel em branco. Outros, de cenho franzido, andam de um lado para o outro. Pessoalmente, eu gosto de me deitar de costas e fechar os olhos. Pode-se fazer um trabalho científico árduo e parecer estar cochilando. A reflexão científica séria pode ser uma experiência muito enriquecedora, mas é também um trabalho árduo. As ideias devem ser buscadas sem cessar, até a obsessão. Se uma possibilidade interessante parece surgir, devemos tentar precisá-la e verificá-la, depois do que a conservamos ou, com maior frequência, a rejeitamos. É preciso desenvolver ideias gerais e audaciosas, mas depois os pormenores devem ser verificados, e é então que, na maioria das vezes, descobrimos falhas desastrosas. A construção deve então ser retomada, algumas ideias devem ser abandonadas e as que permanecem devem ser ordenadas de outra maneira. O processo se repete dia após dia, semana após semana, mês após mês. Nem todos os que posam de cientistas trabalham duro, evidentemente: alguns pararam há muito tempo e outros nunca começaram. Mas para aqueles que jogam o jogo sem enganação e não se contentam em fingir, para estes o jogo é duro, penoso, cansativo, exaustivo. E se o fruto desse esforço, o resultado desse trabalho é recebido com arrogância e desdém, então o desfecho pode ser trágico. Imagine um homem que compreendeu a significação de um dos aspectos fundamentais da Natureza. Ano após ano, ele prosseguiu suas pesquisas a despeito dos ataques e da incompreensão de seus contemporâneos. Agora ele está ficando velho, está doente e deprimido. Foi o que aconteceu com o físico austríaco Ludwig Boltzmann. Em 5 de setembro de 1906, ele se suicidou; tinha 62 anos.

Boltzmann e o americano J. Willard Gibbs foram os criadores de uma ciência nova chamada *mecânica estatística*. Sua contribuição não é menos importante para a física do século XX do que a descoberta da relatividade ou da mecânica quântica, mas é de natureza diferente. Enquanto a relatividade e a mecânica quântica destruíram teorias existentes e as substituíram por outra coisa, a mecânica estatística, por seu lado, realizou uma revolução tranquila. Ela utilizou modelos físicos preexistentes, mas estabeleceu novas relações e introduziu novos conceitos. As novas estruturas conceituais que devemos a Boltzmann e Gibbs revelaram-se ferramentas extraordinariamente poderosas, e hoje as aplicamos a toda espécie de situações muito distantes dos problemas físicos de que se partiu.

O ponto de partida de Boltzmann foi a hipótese atômica: a ideia de que a matéria é constituída de um número enorme de pequenas bolinhas animadas por uma louca agitação. No final do século XIX, na época em que Boltzmann estava ativo, a estrutura atômica da matéria não fora ainda demonstrada, e estava longe de ser normalmente aceita. Os ataques contra Boltzmann foram em parte motivados por sua crença nos átomos. Aliás, ele não se contentava em crer na existência dos átomos, mas levava a sério a estrutura atômica da matéria, e dela deduzia consequências impressionantes.

Na época em que trabalhava, Boltzmann só tinha à sua disposição a mecânica clássica. Mais vale, no entanto, apresentar algumas de suas ideias em linguagem quântica. Afinal, há uma relação estreita entre a mecânica clássica e a mecânica quântica.

Ambas devem descrever a mesma realidade física, e, por exemplo, um *número de estados* na mecânica quântica corresponde a um *volume de espaço de fases* na mecânica clássica. Vou, portanto, dar ênfase às ideias e não me preocuparei muito com os anacronismos de detalhe.

A revolução industrial do século XIX concentrara um grande interesse na máquina a vapor e na transformação do calor em energia mecânica. Sabia-se que era fácil transformar a energia mecânica em calor (por exemplo, friccionando duas pedras uma contra a outra), mas não o inverso. O calor é uma forma de energia, mas sua utilização é limitada por regras estritas: alguns processos produzem-se facilmente, outros, de modo algum. Por exemplo, é fácil misturar um litro de água fria e um litro de água quente para obter dois litros de água morna. Tente agora separar esses dois litros de água morna para recuperar um litro de água fria e um litro de água quente! Você não vai conseguir: a mistura de água fria e de água quente é um processo irreversível.

Os físicos deram um passo importante para a compreensão da irreversibilidade ao definirem a *entropia* (esqueçamo-nos por enquanto de que já usamos esta palavra no capítulo anterior). Um litro de água fria tem certa entropia, e um litro de água quente tem uma entropia diferente. Estas entropias podem ser calculadas a partir dos dados experimentais (mas não vamos aqui explicar como). A entropia de dois litros de água fria é duas vezes a entropia de um litro, e algo semelhante ocorre com a água quente.

Se você colocar lado a lado um litro de água fria e um litro de água quente, a soma de suas entropias tem um certo valor. Mas se agora você misturar os dois, a entropia dos dois litros de água morna obtidos tem um valor maior. Misturando a água fria e a água quente, você aumentou a entropia do Universo, irreversivelmente. Eis aqui a regra, conhecida como *segunda lei da termodinâmica:*[1] em todo processo físico, a entropia permanece constante ou aumenta, e, se aumentar, o processo é irreversível.

Tudo isso é muito misterioso, sem dúvida, e não de todo satisfatório. Qual é o significado da entropia? Por que aumenta sempre e não diminui nunca? São exatamente estes os problemas que Boltzmann tentou resolver.

Se você acreditar na "hipótese atômica", as moléculas que compõem um litro de água fria podem encontrar-se em todo tipo de configurações diferentes. De fato, as moléculas se agitam em todos os sentidos, e sua configuração muda constantemente. Em linguagem quântica, temos um sistema de grande número de partículas, e esse sistema pode estar num imenso número de estados diferentes. Mas, embora esses estados sejam diferentes em seus pormenores microscópicos, são todos semelhantes se os considerarmos a olho nu; de fato, parecem-se todos com um litro de água fria.

Portanto, quando falamos de um litro de água fria, referimo-nos a algo muito ambíguo. E a descoberta de Boltzmann é que a entropia mede essa ambiguidade. Do ponto de vista técnico, a definição correta é que a entropia de um litro de água fria é o número de zeros do número de estados *microscópicos* correspondentes a esse litro de água fria. A definição evidentemente se estende à água quente e a muitos outros sistemas. De fato, foi assim que definimos a entropia de um litro de hélio no capítulo anterior.

Aquela definição, no entanto, não possuía motivação física. A importância da ideia de Boltzmann é que ela une um conceito matemático natural e uma quantidade física até então misteriosa. Do ponto de vista técnico, seria melhor dizer *logaritmo* do que *número de zeros*, multiplicar por uma constante k (a constante de Boltzmann chama-se de fato k) e talvez acrescentar uma outra constante ao resultado, mas este não é o lugar de discutir estes pormenores.

Coloquemos agora, lado a lado, um litro de água fria e um litro de água quente, sem misturá-los. Para cada estado do litro de água fria e cada estado do litro de água quente temos um estado do sistema total. Por conseguinte, o número de estados do sistema total é o produto do número de estados de um litro de água fria e do número de estados de um litro de água quente. A entropia do sistema total é, portanto, a soma das entropias dos dois litros de água (um frio, outro quente) de que se compõe. Isto não é muito espantoso e decorre diretamente das definições.

Que acontecerá se misturarmos a água fria e a água quente? Obteremos evidentemente água morna, ainda que os pormenores do processo não sejam simples e continuem a ser um tema de estudo dos especialistas. O que, de qualquer forma, está bem estabelecido é que o número de estados de dois litros de água morna é maior (muito maior!) do que o de um litro de água fria e de um litro de água quente.[2] E não nos esqueçamos de que todos os estados de dois litros de água morna são semelhantes quando os consideramos a olho nu: não há maneira de reconhecer os que provêm da mistura de um litro de água fria e de um litro de água quente. Portanto, a entropia aumenta em consequência da mistura.

Mas por que deve haver irreversibilidade? O mundo que nos cerca comporta-se de maneira muito irreversível, mas como provar que deve ser assim? Em ciência, quando não vemos como provar uma coisa, muitas vezes é uma boa ideia tentar provar o contrário e ver o que acontece. Vou, portanto, tentar obter a reversibilidade.

Não há nenhuma irreversibilidade nas leis fundamentais da mecânica clássica. Observemos os movimentos e as colisões de um sistema de partículas durante um segundo e suponhamos que possamos reverter o sentido das velocidades de todas as partículas. Elas vão, então, voltar atrás; haverá colisões na ordem inversa das que víramos anteriormente, e depois de um segundo teremos voltado à situação de partida. (As velocidades das partículas estão no sentido contrário, mas podemos revertê-las com uma varinha mágica.) De acordo com o que acabamos de dizer, se a entropia pode aumentar, pode também diminuir, e não há irreversibilidade. Boltzmann estaria enganado? Ou será que deixamos de lado algum detalhe essencial?

Arrumamos tudo para que o tempo "volte atrás", revertendo as velocidades de todas as partículas de um grande sistema com uma varinha mágica. Podemos evidentemente dizer que, na prática, isto é impossível. Mas algo de muito semelhante é possível para certos sistemas (sistemas de spin). E, sem dúvida, é constrangedor basear uma lei geral da física numa impossibilidade prática que um dia talvez venha a ser superada.

Há, no entanto, uma impossibilidade mais sutil na experiência de reversão das velocidades que acabamos de descrever, e esta impossibilidade provém da dependência hipersensível das condições iniciais. Quando aplicamos as leis da mecânica clássica ao estudo dos movimentos e colisões de um sistema de átomos e de moléculas, imaginamos que esse sistema não interage com o resto do Universo. Mas isso é totalmente irrealista. Mesmo o efeito gravitacional de um elétron nas fronteiras do Universo conhecido é importante, e não pode ser desprezado. Se, portanto, revertemos as velocidades das partículas depois de um segundo de observação do sistema, não vemos o tempo voltar atrás. Depois de um tempo muito curto, o elétron nos confins do Universo terá mudado o curso dos acontecimentos e já não temos nenhuma razão para pensar que a entropia vai diminuir. (De fato, ela continuará a crescer, mas resta-nos entender a razão desse crescimento geral da entropia.)

O fato de que a dependência hipersensível das condições iniciais possa ter uma relação com a irreversibilidade não era entendido, temos de dizê-lo, na época de Boltzmann. Também aqui eu me permiti um pequeno anacronismo. Retrospectivamente, vemos como as ideias de Boltzmann se encaixam naturalmente no quadro físico estabelecido depois dele. Mas na sua época as coisas estavam longe de ser claras. Ele, sem dúvida, sabia que tinha razão. Outros viam apenas que seus trabalhos estavam inteiramente baseados numa duvidosa "hipótese atômica". Viam Boltzmann utilizar matemáticas duvidosas para obter uma evolução temporal irreversível a partir das leis da mecânica clássica, que são claramente reversíveis. E não ficavam convencidos.

Notas

1. A *primeira lei da termodinâmica* afirma que a energia é conservada em todos os processos. (Para que isso seja verdade, é preciso levar em conta todas as formas de energia, inclusive o calor.)

2. Veremos mais adiante (capítulo 19) o seguinte fato. Se considerarmos os estados de um litro de água, para os quais a energia total é inferior ou igual a certo valor , a maior parte desses estados aparece macroscopicamente como um litro de água numa certa temperatura (determinada por $\mathcal{E}$). Se $\mathcal{E}_I$ é a energia de um litro de água fria, e $\mathcal{E}_{II}$ é a energia de um litro de água quente, a maior parte dos estados de dois litros de água que tenham uma energia inferior ou igual a $\mathcal{E}_I + \mathcal{E}_{II}$ aparece macroscopicamente como dois litros de água morna. É verdade que alguns desses estados aparecem como um litro de água fria mais um litro de água quente, mas podemos calcular que o número de estados de dois litros de água de energia $\leq \mathcal{E}_I + \mathcal{E}_{III}$ é muito maior do que o produto dos números de estados de um litro de energia $\leq \mathcal{E}_I$, e de um litro de energia $\leq \mathcal{E}_{II}$.

CAPÍTULO 18

IRREVERSIBILIDADE

O objetivo da física é fornecer uma descrição matemática precisa de certos pedaços de realidade, e muitas vezes é preferível não se preocupar com a "realidade última". Esta posição poderá parecer excessivamente modesta e pouco ambiciosa, e poderíamos concluir daí que o estudo da física é um empreendimento um tanto tedioso. De fato, o contrário é que é verdadeiro, e isto porque a própria realidade física está muito distante de ser tediosa. A física é interessante porque tem por objeto um mundo interessante. Se esquecermos este mundo concreto e pretendermos tratar de física *in abstracto*, então estaremos muito sujeitos ao risco de naufragar em considerações metafísicas cansativas e inúteis.

Estas observações aplicam-se em particular à obra de Boltzmann. O ponto de partida dessa obra foi a *termodinâmica*, como se chama a teoria que trata da entropia e da irreversibilidade em nível macroscópico. Essa teoria elucidava – e continua a elucidar muito bem – os fatos experimentais. O grande empreendimento da vida de Boltzmann foi tentar compreender a termodinâmica dentro do quadro da "hipótese atômica", fazendo o que hoje chamamos *mecânica estatística*. Imaginemos que nunca se tenha podido demonstrar precisamente a existência dos átomos. Imaginemos que a mecânica estatística nunca tenha tido maior poder preditivo do que na época de Boltzmann. Aos olhos de um físico, não teria muito sentido dizer, na época, que a teoria de Boltzmann era fisicamente verdadeira. As ideias de Boltzmann tornaram-se a verdade física porque agora está provado que a matéria é composta de átomos, porque a fórmula de Boltzmann para a entropia pode ser experimentalmente verificada e porque a mecânica estatística adquiriu um enorme valor preditivo (em larga medida, graças aos esforços de Gibbs e de outros físicos).

Se olharmos um pouco mais de perto, veremos que as ideias de Boltzmann sobre os átomos estavam longe da "realidade última": os átomos não são simplesmente pequenas bolinhas que se agitam freneticamente, eles têm uma estrutura complicada e a mecânica quântica é necessária para sua descrição. As ideias preconcebidas de Boltzmann sobre a natureza das coisas de muito lhe valeram (e a nós também), mas não constituem mais do que uma etapa em nossa análise do mundo físico. Haverá uma etapa final? Há uma "realidade última" em física? Podemos ter esperança de que a resposta a estas questões seja positiva e que a teoria final da matéria venha a ser descoberta (e provada como correta) enquanto ainda estivermos vivos. Mas, é preciso dizê-lo claramente, a importância das ideias de Boltzmann não depende da descoberta eventual de uma teoria física última da matéria.

A vida de Boltzmann tem algo de romântico. Ele se suicidou porque era, em certo sentido, um fracassado. E no entanto nós o consideramos hoje um dos grandes cientistas de sua época, bem maior do que os seus opositores científicos. Ele viu claro antes dos outros e teve razão cedo demais. Mas como se faz para ver claro antes dos outros? Acho que as ideias preconcebidas constituem uma parte da resposta. É preciso ter ideias preconcebidas sobre a física, ideias diferentes do dogma geralmente aceito, e é preciso persistir nessas ideias com certa obstinação. Essas ideias talvez se tenham revelado más em outras ocasiões, mas, se você tiver o ponto de vista certo, e sorte, elas lhe darão a chave de uma nova compreensão da Natureza. As ideias de Boltzmann eram nitidamente mecanicistas, como as de Descartes antigamente. Mas os preconceitos mecanicistas de Descartes não tinham sido férteis, e foi Newton quem, com outras ideias, fundou a física moderna. No entanto, na época de Boltzmann, os preconceitos mecanicistas eram aquilo de que se precisava para entender a termodinâmica: as ideias mecanicistas podiam agora triunfar.

Vejamos alguns outros exemplos de ideias preconcebidas sobre a ciência: que as matemáticas são a linguagem da Natureza (Galileu), que nosso mundo é o melhor dos mundos possíveis (Leibniz), ou que as leis da Natureza devem satisfazer a critérios estéticos (Einstein). A cada época, há sobre a ciência certos preconceitos de moda e outras ideias preconcebidas que não estão na moda, mas podem tornar você célebre depois da morte...

Vou agora interromper estas considerações sobre a glória póstuma e voltar a nossa discussão inacabada sobre a irreversibilidade. Examinemos de novo a evolução temporal de um sistema complicado de partículas, como os átomos de hélio num recipiente de um litro, ou como as moléculas de um litro de água. Utilizaremos a mecânica clássica para descrever nossas partículas e suporemos que elas formam um sistema isolado: não há interação com o mundo exterior, e nenhuma energia, portanto, é recebida ou dada por nosso sistema. Boltzmann teve a ideia de que, no transcorrer do tempo, o sistema deveria visitar todas as configurações possíveis do ponto de vista energético. Em outras palavras, todas as configurações de posições e de velocidades das partículas com a energia total certa seriam realizadas, e as observaríamos se esperássemos durante um tempo suficiente. De fato, uma maneira mais correta de exprimir isto é dizer que o sistema voltaria incansavelmente a tão perto quanto se quisesse de toda configuração energeticamente permitida. Trata-se de um exemplo do que chamamos de *eterno retorno* num capítulo precedente. A ideia de Boltzmann é conhecida como *hipótese ergódica*: ela apresenta certas dificuldades técnicas, e um tratamento matemático satisfatório só foi conseguido depois da morte de Boltzmann. A física, porém, é bastante clara e merece que a compreendamos.

Você se lembra de que, quando falamos de *número de estados* na mecânica quântica, devemos falar de *volume de espaço de fases* na mecânica clássica. É deste último conceito que vamos precisar. No exemplo de um litro de hélio, um ponto do espaço de fases especifica as posições e as velocidades de todos os átomos de nosso litro de hélio. Restringimos nosso interesse à parte do espaço de fases formado pelas configurações de energia total dada (porque nosso sistema não recebe nem fornece energia). Já que um ponto do espaço de fases representa todas as posições e velocidades de nossos átomos de hélio, a evolução temporal desse sistema complicado de átomos é simplesmente descrita pelo movimento de um ponto no espaço de fases.

Eis-nos, então, preparados para exprimir o conteúdo físico da hipótese ergódica: *movendo-se no espaço de fases, o ponto que representa nosso sistema passa em cada região uma fração de tempo proporcional ao volume dessa região.*[1]

Se aceitarmos a hipótese ergódica, já poderemos entender por que, quando temos dois litros de água morna num recipiente, não vemos nunca o líquido se dividir numa camada de água fria e noutra de água quente. De fato, como já dissemos, a entropia de dois litros de água morna é superior à de um litro de água fria mais um litro de água quente. Suponhamos que a diferença entre as entropias seja de um por cento: isso dá uma diferença de um por cento no comprimento do numeral (enorme) que representa o número de estados. Os números de estados, ou os volumes de espaços de fases, diferem, portanto, por um fator enorme. Assim, o volume de espaço de fases correspondente a dois litros de água morna é enormemente maior do que o volume correspondente a um litro de água fria mais um litro de água quente. Observemos agora o ponto representativo de nosso sistema enquanto ele se move no espaço de fases. De acordo com a hipótese ergódica, ele passará a maior parte do tempo na região correspondente a dois litros de água morna. A fração de tempo passada na região de espaço de fases que corresponde a uma camada de água fria e a uma camada de água quente é extraordinariamente pequena. Na prática, não veremos nunca os dois litros de água morna se separarem num litro de água fria e num litro de água quente.

Eu gostaria de repetir a explicação. Você derramou cuidadosamente um pouco de água quente sobre um pouco de água fria. Desta maneira obteve que seu sistema esteja numa pequena região muito particular do espaço de fases. Mas o calor difuso e as águas se misturam, e ao cabo de certo tempo você tem água uniformemente morna, correspondente a uma região muito maior do espaço de fases. Se você esperar o tempo suficiente, o eterno retorno reconduzirá o seu sistema a uma camada de água fria e uma camada de água quente como no início da experiência. Mas quanto tempo você deverá esperar? O cálculo desse tempo está ligado aos cálculos de números de estados feitos no capítulo 16, e a resposta é de uma enormidade espantosa, atroz. O tempo em questão é simplesmente grande demais. A vida é breve demais para que possamos rever, um dia, uma camada de água quente sobre uma camada de água fria, e neste sentido a mistura das duas camadas é irreversível. (Quanto ao papel da dependência hipersensível das condições iniciais, ver a nota 2.)

A explicação da irreversibilidade que obtivemos seguindo Boltzmann é, ao mesmo tempo, simples e bastante sutil. É uma explicação probabilista. Não há irreversibilidade nas leis fundamentais da física, mas o estado inicial que escolhemos para nosso sistema tem uma característica importante: esse estado inicial é *muito improvável*. Quero com isso dizer que seu volume relativo no espaço de fases é muito pequeno (ou que sua entropia é pequena). A evolução temporal leva então a uma região de volume relativamente grande (ou de grande entropia) que corresponde a um estado muito provável do sistema. Em princípio, depois de um tempo muito longo, o sistema retornará a seu improvável estado inicial... mas nunca veremos isto acontecer. Um físico gostará de idealizar esta situação fazendo o número de partículas do sistema tender ao infinito, de sorte que o tempo do eterno retorno também tenda ao infinito. No limite, temos, portanto, uma evolução temporal realmente irreversível.

Descrevi a interpretação da irreversibilidade que é geralmente aceita hoje pelos físicos. Há algumas opiniões divergentes, particularmente a de Ilya Prigogine,[3] mas o desacordo se baseia em ideias filosóficas preconcebidas, mais do que em fatos físicos concretos. As ideias preconcebidas, diferentes do dogma estabelecido, são preciosas, como dissemos, e essenciais à descoberta na física. Mas no final é preciso verificar se essas ideias são corretas ou falsas, fazendo uma comparação cuidadosa das teorias e da experiência.

Um dos ingredientes de nossa análise, a reversibilidade das leis fundamentais da física, parece ser um ponto de partida sólido.[4] Mas que dizer da hipótese ergódica? Ela deve ser demonstrada matematicamente, e ainda não temos uma demonstração, mesmo para modelos simples. Isso, contudo, não preocupa muito os físicos. Concorda-se que muitos aspectos matemáticos e físicos da irreversibilidade ainda precisam ser determinados. É provável que se deva atenuar a hipótese ergódica. E uma outra maneira de abordar os problemas pode ser necessária para certos sistemas como os *vidros de spin*. *Grosso modo*, porém, julgamos compreender o que se passa.

Esta confiança pode muito bem ser abalada, mais dia menos dia. Mas, por enquanto, ela recebe o apoio de nossa boa compreensão da *mecânica estatística do equilíbrio*. Este último ramo da física não se preocupa com o problema complexo de misturar água fria e água quente, mas apenas em comparar a água fria com a água quente, e também com o gelo e o vapor d'água. As predições da mecânica estatística do equilíbrio são um assunto ao mesmo tempo bastante técnico e conceitualmente riquíssimo. Suas ideias fecundas foram transferidas às matemáticas e a outras partes da física, onde desempenham um papel importante. Para mim, a mecânica estatística do equilíbrio representa o que a ciência produziu de mais profundo e mais acabado, e tentarei dar uma ideia, necessariamente breve e superficial, do assunto no próximo capítulo.

Notas

1. *Ergodicidade*

   Vamos considerar N átomos de hélio num recipiente de um litro como formando um sistema mecânico clássico (os átomos de hélio são refletidos pelas paredes do recipiente, e nós podemos também supor que eles interagem uns com os outros). Para cada átomo, seja x_i sua posição e mv_i o produto de sua massa pela velocidade (= impulso). A coleção X dos x_i e mv_i constitui um ponto no espaço de fases M de nosso sistema. Depois de um tempo t, X é substituído por um novo ponto f^tX, e f^tX tem a mesma energia total que X. Chamemos de *camada de energia* o conjunto $M_{\mathcal{E}}$ dos X que têm uma energia dada $\mathcal{E}$. O volume de espaço de fases (produto sobre i dos dx_i e mdv_i) induz de maneira natural um volume sobre a camada de energia. Se A é um subconjunto de $M_{\mathcal{E}}$ e vol A seu volume, então

   $$\text{vol } (f^tA) = \text{vol } A$$

   isto é, o volume é preservado pela evolução temporal. Uma formulação precisa exigiria um pouco de cuidado (por exemplo, é preciso supor que A seja mensurável), mas não há nada até agora de muito complicado ou de muito profundo. Eis então algo de novo. Dizemos que a evolução temporal sobre a camada de energia $M_{\mathcal{E}}$ é *ergódica* se, quando um subconjunto J de $M_{\mathcal{E}}$ é invariante (portanto $f^tJ = J$ para todo t), então necessariamente vol J = 0 ou vol J = vol $M_{\mathcal{E}}$.

   Suponhamos que a evolução temporal f^t seja ergódica. Então, para quase toda condição inicial X, e para cada subconjunto A de $M_{\mathcal{E}}$, a fração do tempo passado por f^tX em A é vol A/vol $M_{\mathcal{E}}$. [Mais precisamente, se (X,A,T) é o comprimento do tempo passado por f^tX em A para $0 < t < T$, então lim (X,A,T)/T = vol A/vol $M_{\mathcal{E}}$, quando $T \to \infty$; é uma forma do *teorema ergódico*.] Assim, para uma evolução temporal ergódica, as médias temporais têm uma relação simples com os volumes na camada de energia, e é por isso que a ergodicidade é tão importante. Infelizmente, é muito difícil demonstrar que um sistema mecânico é ergódico. A ergodicidade está provada no caso do bilhar de Sinai do capítulo 7, mas para poucos outros sistemas interessantes. No caso de nosso sistema de átomos de hélio, estamos reduzidos a esperar que a "hipótese ergódica" esteja correta.

2. No caso de uma evolução temporal ergódica, podemos compreender a irreversibilidade como consequência de tempos muito longos de retorno a uma situação inicial macroscópica excepcional. Mas podemos ter tempos de retorno longos mesmo sem ergodicidade. Um enfraquecimento da hipótese ergódica é, portanto, possível, e pode ser necessário para certas teorias físicas. No capítulo 17, mencionei que a dependência hipersensível das condições iniciais era útil para compreender a irreversibilidade. Como assim? Para falar a verdade, a dependência hipersensível das condições iniciais não é necessária para a ergodicidade, mas é tecnicamente útil, e constitui, por exemplo, o primeiro passo na demonstração da ergodicidade do bilhar de Sinai.

De resto, se uma evolução temporal não for ergódica, um pouco de perturbação ou "ruído" levará o sistema de uma componente ergódica a outra, por pouco que a camada de energia seja um conjunto conexo. Este efeito das pequenas perturbações (assim como o efeito gravitacional de um elétron no limite do Universo conhecido) age eficazmente quando há dependência hipersensível das condições iniciais, e terá por resultado que mesmo um sistema não ergódico pareça ergódico.

Dito tudo isso, devemos reconhecer que alguns sistemas mecânicos se recusam a comportar-se de maneira ergódica. De fato, a teoria de KAM (A. N. Kolmogorov, V. A. Arnold e J. Moser) oferece importantes exemplos de violação da ergodicidade. (Para uma discussão geral desta teoria, ver J. Moser, Stable and unstable motions in dynamical systems, *Ann. Math. Studies*, v. 77, Princeton: Princeton University Press, 1973.) Aliás, a simulação no computador da evolução temporal de certos sistemas interessantes mostra um comportamento não ergódico.

3. I. Prigogine, *Physique, temps et devenir*, 2. ed., Paris: Masson, 1982. Aliás, é uma importante questão saber como e por que nosso Universo começou com tão pouca entropia. Uma análise desta questão envolveria a teoria do *big bang* sobre a origem do Universo, e nos levaria longe demais.

4. A invariância das leis da física por inversão de tempo só coloca o problema para as *interações* fracas das partículas elementares. Para essas interações, a operação T de inversão do tempo não é uma simetria exata. Em compensação, considera-se que a operação TCP, que inverte também o tempo, é uma simetria exata. De fato, a maioria dos físicos não entende que esses fatos tenham muita importância para compreender a irreversibilidade que se observa em nível macroscópico.

CAPÍTULO 19

A MECÂNICA ESTATÍSTICA DO EQUILÍBRIO

Você visita um museu de pintura e passeia entre as telas francesas do início do século XX. Vê aqui um suntuoso Renoir, ali, com toda certeza, um Modigliani, lá estão flores pintadas por Van Gogh ou frutas de Cézanne. Mais adiante percebe um Picasso, a menos que seja um Braque. Certamente, esta é a primeira vez que você vê essas pinturas, mas na maioria dos casos não tem nenhuma dúvida sobre o artista que as pintou. Van Gogh, nos últimos anos de sua vida, pintou um número incrível de quadros, todos de impressionante beleza, e distinguimos todos eles imediatamente dos quadros de Gauguin, por exemplo. Como você os distingue? Pois bem, a pintura não é aplicada da mesma maneira e os assuntos tratados são diferentes. Mas há algo mais que é difícil de exprimir e que, no entanto, percebemos imediatamente, algo que depende da escolha das formas e do equilíbrio das cores.

Da mesma forma, se ligar o rádio, você sabe imediatamente se está ouvindo música clássica ou os Beatles. E se a música clássica lhe interessa, por pouco que seja, você não confundirá Bach com a música do século XVI, Beethoven com Bach e Bartok com Beethoven. Talvez sejam peças que você nunca ouviu, mas há algo de único no arranjo dos sons que permite reconhecer quase instantaneamente o compositor. Podemos tentar identificar esse "algo de único" por meio de estudos estatísticos.[1] Podemos, em particular, estudar os intervalos entre notas sucessivas. Pequenos intervalos musicais são particularmente comuns, mas são mais comuns na música antiga. A música recente costuma empregar toda espécie de intervalos. Avaliando a frequência dos intervalos entre notas sucessivas numa obra musical, podemos saber se ela é de Buxtehude, de Mozart ou de Schönberg. Chegamos evidentemente à mesma conclusão ouvindo alguns compassos. Mas trata-se, de fato, de usar o mesmo método; o sistema ouvido-cérebro humano é um maravilhoso sistema de análise estatística que nos permite dizer: eis aí uma música de Monteverdi, ou de Brahms, ou de Debussy.

Quero dizer que baseamos nossa identificação de um pintor ou de um compositor em critérios estatísticos. Talvez você ache isso absurdo: como podemos ter certeza de uma identificação se a baseamos em probabilidades? A resposta é que podemos ter uma quase certeza. Assim como muitas vezes estamos quase certos do sexo de uma pessoa encontrada na rua: os homens com frequência são mais altos, têm cabelos mais curtos, pés maiores etc. Cada característica tomada isoladamente é bem pouco confiável, mas tomamos conhecimento de muitas delas numa fração de segundo, e o conjunto não deixa nenhuma dúvida razoável.

Resta uma questão, porém: como é que um dado artista produz repetidamente obras com o mesmo conjunto de características probabilistas, conjunto que caracteriza esse artista particular? Ou tomemos um outro exemplo: como é que a sua letra é tão única, tão difícil de imitar, para outras pessoas, e de disfarçar, para você mesmo? Não conhecemos as respostas a essas perguntas, porque não sabemos em detalhe como funciona o cérebro. Mas compreendemos algo de muito semelhante, um fato fundamental que é, por assim dizer, a pedra de toque da mecânica estatística do equilíbrio.

Eis aqui o fato fundamental: *se impusermos uma condição global simples a um sistema complicado, as configurações que satisfizerem a essa condição global terão habitualmente um conjunto de caracteres probabilistas que distinguirá essas configurações de maneira única.* Se você reler esta frase, verá que ela é deliberadamente vaga e metafísica, tal que pode ser aplicada à pintura ou à música. O fato de que uma obra se deva a certo artista é, então, a "condição global simples", e o "conjunto dos caracteres probabilistas" da obra é o que nos permite identificar o artista. Examinemos agora o caso da mecânica estatística do equilíbrio. Aqui, tipicamente, o sistema complicado é formado de um grande número de partículas num recipiente (um litro de hélio é nosso exemplo habitual). E a condição global simples é que a energia total do sistema tenha no máximo um certo valor . Restringimos então o estado *macroscópico* do sistema e isto, como estamos afirmando, vai determinar a sua estrutura probabilista *microscópica*.

Vou ceder mais uma vez à vontade de escrever uma equação; eis aí a expressão para a energia de um sistema de partículas de que conhecemos as velocidades v_i e as posições x_i:

$$\text{energia} = \sum_i \frac{1}{2} m v_i^2 + \sum_{i<j} V(x_j - x_i)$$

Como vimos anteriormente, $\frac{1}{2} m v_i^2$ é a energia cinética da i-ésima partícula. O termo $V(x_j\text{-}x_i)$ é a energia potencial devida à interação da i-ésima com a j-ésima partícula. Suponhamos que a energia potencial dependa apenas da distância entre as duas partículas e tenda rapidamente a zero quando a distância se torna grande demais. Nossa condição global simples é aqui

$$\text{energia} \leq \mathcal{E}$$

E afirmamos que, se uma configuração de posições x_i e de velocidades v_i satisfizer a essa condição, essa configuração habitualmente terá caracteres muito particulares que permitirão distingui-la das configurações que correspondem a outras escolhas do potencial V ou de $\mathcal{E}$. Muito incrível, não é? De fato, foi preciso certo tempo para ver isso claro, e nossa compreensão da situação deve ser creditada a Gibbs e aos físicos que o seguiram. Os pormenores da análise são relativamente difíceis e técnicos e não podem ser apresentados aqui. Mas há uma ideia central, ao mesmo tempo simples e elegante, que eu gostaria de explicar.

Mas estou vendo que você tem uma objeção, e devo enfrentá-la imediatamente. Se temos uma configuração cuja energia satisfaz a

$$\text{energia} \leq \mathcal{E}'$$

então ela também satisfará a

$$\text{energia} \leq \mathcal{E}'$$

por pouco que $\mathcal{E}'$ seja maior do que $\mathcal{E}$. Portanto as configurações associadas a $\mathcal{E}$ não podem ser distinguidas das que são associadas a $\mathcal{E}'$, contrariamente ao que afirmei, e só resta abandonar a afirmação que eu havia feito.

O que salva minha afirmação é o advérbio "habitualmente". Há muito, muito mais configurações com uma energia $\leq \mathcal{E}'$ do que configurações com uma energia $\leq \mathcal{E}$. Portanto, habitualmente, uma configuração de energia $\leq \mathcal{E}'$ e não terá uma energia $\leq \mathcal{E}$ e não poderá ser confundida com essas configurações de baixa energia. Em termos técnicos, a entropia associada a $\mathcal{E}'$ é maior do que a entropia associada a $\mathcal{E}$, e o volume correspondente no espaço de fases (ou o número de estados) é muito maior.

Em certo sentido, acabo de lhe dar a ideia central simples e elegante que lhe havia prometido. Vou agora apresentar essa ideia de novo, com um exemplo muito simples e explícito. Vou supor que a energia potencial V é nula, de sorte que nossa condição global sobre a energia é agora

$$\sum_{i=1}^{N} v_i^2 \leq \frac{2\mathcal{E}}{m}$$

Para simplificar as coisas tanto quanto possível, vou supor que nossas N partículas estão numa caixa de uma dimensão, de modo que as v_i são números e não vetores, e escreverei $2\mathcal{E}'m = R^2$. A condição torna-se então

$$\sum_{i=1}^{N} v_i^2 \leq R^2$$

o que equivale a dizer que o vetor de N dimensões de componentes v_i tem um comprimento ≤ R (isso decorre do teorema de Pitágoras). Em outras palavras, as configurações de velocidades que são permitidas são os pontos no interior de uma esfera de raio R de N dimensões. Qual é a fração das configurações no interior da esfera de raio ½ R? É a razão dos volumes das duas esferas: ½ se N = 1, ¼ se N = 2, 1/8 se N = 3, ..., 1/1024 se N = 10, ..., menos de um milionésimo se N = 20 etc. Se houver muitas partículas, ou seja, se N for grande, praticamente todas as configurações estarão no exterior da esfera de raio ½ R. Da mesma forma, elas estarão no exterior da esfera de raio 9/10 R ou 99/100 R.

A conclusão da discussão é a seguinte: considerando uma esfera de raio R de N dimensões, para N grande, então a maior parte dos pontos interiores à esfera está de fato próxima de sua superfície. (Evidentemente há exceções: o centro da esfera não está próximo à superfície.) Assim, temos aqui um exemplo em que uma condição global simples (que um ponto seja interior a uma esfera) implica – habitualmente – uma condição muito mais restritiva (que o ponto esteja muito próximo da superfície da esfera). É uma situação muito geral, mas pela qual é preciso pagar um certo preço: a introdução do advérbio *habitualmente* em vez de *sempre*. Além disso, supusemos N grande: nós nos interessamos pela geometria com um grande número de dimensões (ou por um sistema complicado, formado por um grande número de partículas).

Boa parte do trabalho dos pesquisadores científicos consiste em seguir uma ideia geral (como a ideia metafísica sobre os sistemas complicados que formulamos acima) e ver até onde ela é aplicável e a partir de onde ela se torna inutilizável e sem valor. Na prática, tal análise requer muito tempo e esforço. Embora não seja possível dar aqui uma ideia dessa análise,[2] insisto no fato de que ela é indispensável e serve de base necessária ao tipo de discussão não técnica aqui apresentada. Prosseguir a discussão num nível puramente metafísico e literário é como dirigir um carro com uma venda nos olhos: só pode levar ao desastre. Tendo satisfeito a minha consciência com essa advertência, posso agora falar um pouco mais sobre a mecânica estatística do equilíbrio. Como vou ser um pouco técnico, você pode optar por ler de maneira lenta e atenta o restante deste capítulo ou continuar rapidamente e passar ao capítulo seguinte.

Como já vimos, a entropia S cresce (digamos de ΔT) quando a energia $\mathcal{E}$ cresce (digamos de $\Delta\mathcal{E}$). A relação $\Delta\mathcal{E}/\Delta S$ (ou seja, a derivada da energia com relação à entropia) é uma quantidade importante. Chamemo-la de *tê* ou T.

Suponhamos agora que temos um sistema composto de duas partes I e II (essas duas partes são sistemas materiais em equilíbrio um com o outro). Impomos a condição

$$\text{energia} \leq \mathcal{E}$$

Como já vimos, isso implica que a energia é habitualmente quase igual a $\mathcal{E}$. Mas há também outras consequências: a energia do subsistema I é quase fixada a um valor $\mathcal{E}_I$ e a energia do subsistema II a um valor $\mathcal{E}_{II}$. Como o sistema escolhe entre $\mathcal{E}_I$ e $\mathcal{E}_{II}$? Pois bem, o sistema tenta tornar máxima a soma da entropia do sistema I (de energia $\mathcal{E}_I$) e da entropia do sistema II (de energia $\mathcal{E}_{II}$), respeitando a condição $\mathcal{E}_I + \mathcal{E}_{II} \approx \mathcal{E}$. Se você refletir a este respeito, verá que é razoável: o sistema ocupa no espaço de fases um volume tão grande quanto possível, respeitando a condição de que a energia está fixa. Matematicamente, o fato de que a soma das entropias de I e II é máxima se exprime pela condição de que o tê de I é igual ao tê de II:[3]

$$T_I = T_{II}$$

E é assim que aparece naturalmente o conceito de temperatura: com a aproximação de um fator convencional, tê pode ser identificado com a temperatura absoluta:

$$\text{temperatura absoluta} = \frac{1}{k}\,\frac{\Delta\mathcal{E}}{\Delta S}$$

onde k ainda é a constante de Boltzmann. Os dois subsistemas estarão em equilíbrio se tiverem a mesma temperatura.

É preciso observar que não havíamos introduzido até agora o conceito de temperatura, apesar de termos falado de água quente ou de água fria para indicar que a energia total era mais alta ou mais baixa. Em vez de começar pela análise das experiências, partimos de considerações gerais sobre a geometria em um grande número de dimensões e chegamos naturalmente a uma quantidade que só pode ser a temperatura. Os fundadores da mecânica estatística tentaram ver a que se assemelharia um mundo constituído por um grande número de átomos e de moléculas, com um mínimo de hipóteses suplementares. Imagine seu assombro quando viram que esse mundo que haviam reconstruído era semelhante ao mundo em que vivemos.

Notas

1. W. Fucks e J. Lauter, Exaktwissenschaftliche Musikanalyse, *Forschungsberichte des Landes Nordrhein-Westfalen*, n. 1519, Köln-Opladen: Westdeutscher Verlag, 1965. Devo a Karine Chemla ter-me indicado esta referência.

2. Um dos aspectos da análise em questão é o que hoje chamamos a teoria dos *grandes desvios*. Ver D. Ruelle, Correlation functionals, *J. Math. Phys.*, v. 6, p. 201-20, 1965; O. Lanford, Entropy and equilibrium states in classical statistical mechanics, p. 1-113 em Statistical mechanics and mathematical problems, *Lecture Notes in Physics*, n. 20, Berlim: Springer, 1973; R. S. Ellis, Entropy, large deviations and statistical mechanics, *Grundlehren der Math. Wiss.*, v. 271, Nova York: Springer, 1985.

3. O máximo de $S_I(\mathcal{E}_I) + S_{II}(\mathcal{E}_{II})$ quando $\mathcal{E}_I + \mathcal{E}_{II} = \mathcal{E}$ é o máximo sobre $_I$ de $S(\mathcal{E}_I) + S(\mathcal{E} - \mathcal{E}_I)$, e esse máximo ocorre quando derivada com relação a $\mathcal{E}_I$ se anula. Isso da $S'_I(\mathcal{E}_I) - S'_{II}(\mathcal{E} - \mathcal{E}_I) = 0$, ou seja, $T_I = T_{II}$.

CAPÍTULO 20

A ÁGUA FERVENTE E AS PORTAS DO INFERNO

Se você não entender russo, todos os livros escritos nessa língua lhe parecerão muito semelhantes. Da mesma forma, a menos que tenha estudado física teórica, você mal vai perceber diferenças entre os diversos campos desta ciência: em todos os casos você estará diante de textos abstrusos, cheios de palavras gregas, de fórmulas e de símbolos técnicos. No entanto, os diferentes campos da física têm cada um seu caráter particular. Tomemos, por exemplo, a relatividade restrita. É um belo assunto, mas que já quase não tem mistérios para nós; julgamos conhecer neste campo tudo o que podemos desejar saber. A mecânica estatística, pelo contrário, conserva seus negros segredos: tudo indica que só compreendemos uma pequena parte do que há para compreender. Quais são, então, os negros segredos da mecânica estatística? Neste capítulo, vamos examinar dois ou três deles.

A ebulição da água quando a aquecemos é um fenômeno bastante espantoso, e seu congelamento quando a resfriamos é igualmente misterioso. Se diminuirmos a temperatura de um litro de água, poderemos razoavelmente esperar que ela se torne mais e mais viscosa, mais e mais "espessa". E poderíamos imaginar que a uma temperatura suficientemente baixa o líquido estaria tão viscoso, tão espesso, que se tornaria rígido e se comportaria como um sólido. Essas ideias naturais sobre a solidificação da água são falsas.[1] O que se observa quando se resfria a água é que a certa temperatura ela se transforma em gelo de maneira abrupta. De forma semelhante, se aquecermos água a certa temperatura, ela vai começar a ferver, isto é, haverá uma passagem descontínua do líquido ao vapor. O congelamento e a ebulição da água são exemplos de *mudança de fase*. Estes fenômenos são de tal modo familiares que perdemos de vista o fato de que são muito estranhos e requerem uma explicação. Talvez possamos dizer que um físico é alguém que *não* considera evidente que a água deva gelar ou ferver quando diminuímos ou aumentamos a sua temperatura. Que nos diz a mecânica estatística sobre as mudanças de fase?

De acordo com a nossa filosofia geral, ao impormos uma condição global simples (aqui, ao fixarmos a temperatura), obtemos que toda espécie de características do sistema seja (*habitualmente*) determinada de maneira única. Se lhe dermos uma foto da configuração em certo instante dos átomos no hélio a 20° C, você deveria poder distingui-la de uma foto correspondente a uma outra temperatura ou a outra substância, como distingue um Van Gogh de um Gauguin à primeira vista. O "conjunto dos caracteres probabilistas" que caracteriza a disposição dos átomos de uma substância como o hélio muda com a temperatura, e a mudança costuma ser gradual. Da mesma forma, não raro vemos o estilo de um pintor mudar gradualmente quando o artista envelhece. E depois acontece o imprevisto. A certa temperatura, ao invés de uma mudança gradual, temos um salto brusco: do hélio gasoso ao hélio líquido, ou da água ao vapor ou ao gelo.

Será que podemos reconhecer com facilidade o gelo da água líquida numa foto que represente a posição das moléculas num determinado instante? Sim. O gelo é cristalizado (pensem nos cristais de um floco de neve), e as direções dos eixos do cristal são visíveis na foto como alinhamentos estatísticos das moléculas em certas regiões. Na água líquida, pelo contrário, não há direções privilegiadas.

Eis aí, portanto, um belo problema para os físicos teóricos: demonstrar que se aumentarmos ou diminuirmos a temperatura da água haverá mudanças de fase que produzam vapor ou gelo. Belo problema, de fato... mas difícil demais! Estamos muito longe de poder fornecer a demonstração pedida. Na verdade, não há um único tipo de átomo ou de molécula para o qual possamos demonstrar que há cristalização a baixa temperatura. Esses problemas são difíceis demais para nós.

Realmente, não é raro na física encontrarmo-nos diante de um problema difícil demais para que possamos resolvê-lo... Sem dúvida, há sempre um jeito de nos safarmos, mas para isso é preciso alterar a relação da teoria com a realidade, de uma ou de outra maneira. Ou você considera um problema matemático análogo ao que não é capaz de tratar, porém mais fácil, e então você perde mais ou menos o contato com a realidade física; ou então você conserva tanto quanto possível o contato com a realidade física, mas muda a sua idealização (frequentemente sacrificando o rigor matemático ou a coerência lógica). As duas abordagens foram utilizadas para tentar compreender as mudanças de fase e ambas foram muito frutíferas. Por um lado, é possível analisar sistemas *numa rede* em que os átomos só podem achar-se em pontos discretos, em vez de se moverem livremente. Para esses sistemas, podemos provar matematicamente a existência de certas mudanças de fase.[2] Por outro lado, podemos injetar ideias novas na idealização da realidade, como as ideias de Wilson sobre a *invariância de escala*, e obter uma rica colheita de resultados novos.[3] Apesar de tudo, a situação não é muito satisfatória. Gostaríamos de compreender o fenômeno geral das mudanças de fase, e infelizmente uma visão conceitual do assunto por enquanto ainda nos escapa.

Para mostrar o poder das ideias da mecânica estatística, vou agora saltar do problema da ebulição ou do congelamento da água para algo totalmente diferente: os buracos negros.

Se você der um tiro para o ar, a bala tornará a cair depois de certo tempo, porque a sua velocidade é insuficiente para vencer a gravidade, isto é, a atração da bala pela Terra. Mas uma bala muito rápida, cuja velocidade ultrapassasse a *velocidade de escape*, deixaria a Terra para sempre se pudéssemos desprezar alguns pequenos detalhes como a freagem devida ao atrito do ar. Para alguns corpos celestes, a velocidade de escape é menor do que para a Terra, e para outros é superior. Imagine-se você num astro muito pequeno e de massa muito grande, em que a velocidade de escape seja maior do que a velocidade da luz. Nesse caso, tudo o que você lançar para o ar, mesmo um raio de luz, vai cair. Assim, você não poderá enviar nenhuma mensagem ao mundo exterior e estará preso na armadilha. O tipo de objeto celeste sobre o qual você se acha chama-se *buraco negro*, e deveria ser assinalado ao turista imprudente com a mesma advertência que está escrita, a crer em Dante, sobre as portas do inferno: *Lasciate ogni speranza, voi ch'entrate*. Percam toda esperança de sair, vocês que entram...

Perdoem-me a descrição um tanto ingênua que fiz dos buracos negros: as luzes vermelhas se acendem e as sirenes começam a berrar na mente de um físico quando se trata de "velocidade maior do que a da luz". Quando queremos falar ao mesmo tempo de gravidade e de velocidade da luz, a teoria física a utilizar é a *relatividade geral*. A teoria da relatividade geral de Einstein permite, aliás, a existência de buracos negros, e estes podem estar em rotação. Os buracos negros se formam quando uma enorme quantidade de matéria é colocada numa região do espaço muito pequena; eles atraem e engolem tudo o que se encontra nas proximidades. Os astrofísicos não dispõem hoje da prova absoluta da existência dos buracos negros, mas acham que viram alguns deles. Em particular, as fontes de radiação muito potentes que estão presentes no centro de certas galáxias, e também os "objetos quase estelares" (quasares) estão verossimilmente associados a buracos negros de grande massa. A radiação não é emitida pelo próprio buraco negro, que em princípio não pode emitir nada, e sim pelas regiões próximas. Estas regiões, a crer nos astrofísicos, são lugares muito desagradáveis e tão insalubres quanto as portas do inferno. De fato, se um físico for escolhido como arquiteto encarregado da concepção do inferno, este sem dúvida será muito parecido com um buraco negro de grande massa. Suponhamos que um buraco negro em rotação se tenha formado por coalescência de E9 massas solares (um bilhão). O buraco negro será cercado de um *disco de acresção* constituído de matéria aspirada pelo buraco negro, que cai em espiral em sua direção. A matéria do disco de acresção acha-se em alta temperatura e ionizada, formando, portanto, um plasma ao qual estará normalmente associado um campo magnético. Podemos tentar analisar a dinâmica da matéria que cai em direção ao buraco negro, dos campos magnéticos e elétricos, das correntes elétricas etc. Os resultados obtidos ultrapassam tudo o que se pode imaginar. Diferenças de potencial da ordem de E20 volts (vinte zeros!) formam-se perto do buraco negro. Os elétrons são acelerados por essas diferenças de potencial e entram em colisão com fótons (as partículas que formam a luz); esses fótons acelerados encontram outros fótons e criam pares elétron-pósitron, produzindo ao redor do buraco uma atmosfera infernal. Trata-se, pelo menos, de uma das teorias sobre o que se passa por lá. Os astrofísicos não estão de acordo quanto os pormenores, mas no geral temos uma região, do tamanho aproximadamente do nosso sistema solar, que emite uma quantidade enorme de energia sob forma de radiação. Sabemos que a energia e a massa são equivalentes, via a famosa $E = mc^2$ de Einstein. A quantidade de energia produzida neste caso é da ordem de 10 massas solares por ano, uma quantidade monstruosa, seja qual for a maneira como encaremos as coisas.

Mas os físicos teóricos não se deixam facilmente impressionar e continuam a colocar questões como a seguinte. Suponhamos que, em vez de um disco de acresção formado de matéria a cair em direção a um buraco negro, temos o vácuo absoluto. Que veríamos de um tal buraco negro sozinho no vácuo? Emitiria ele alguma radiação? De acordo com as ideias clássicas da relatividade geral, haveria efeitos gravitacionais que atrairiam a matéria e a fariam também girar, no caso de um buraco negro em rotação. Poderia também haver uma carga elétrica, mas, para simplificar, não nos preocuparemos com isso. À parte isso, os buracos negros se assemelham muito. Dois buracos negros de massa igual e de igual rotação (isto é, com o mesmo momento angular) são indiscerníveis. É indiferente que o buraco negro se tenha formado a partir do hidrogênio ou do ouro. O buraco esqueceu suas origens (exceto a massa e o momento angular), e um físico se recusará a falar de um buraco negro feito de hidrogênio ou de ouro. Além disso, segundo a teoria da relatividade geral, um buraco negro não produz nenhuma radiação.

O britânico Stephen Hawking é um dos astrofísicos que se debruçou sobre o problema dos buracos negros e não se declarou satisfeito com a resposta sobre a ausência de radiação. O veredito da relatividade geral é claro, mas não leva em conta a mecânica quântica. (De fato, não temos no momento uma teoria completamente coerente, do ponto de vista lógico, que unifique os quanta e a relatividade geral.) Por que a mecânica quântica poderia ser importante para este problema? Pois bem, porque o que chamamos de *vácuo* em mecânica quântica nunca pode ser completamente vazio. Se você observar uma pequena região de vácuo, a posição é conhecida com precisão e, em razão das relações de incerteza de Heisenberg, a velocidade (ou, mais precisamente, a impulsão) deve ser bastante incerta. Isto significa que há *flutuações do vazio* sob a forma de partículas dotadas de grandes velocidades.[4] Este argumento, admito, é um tanto parecido com uma enganação, mas é a melhor maneira de exprimir com palavras o que o formalismo matemático exprimiria de maneira mais coerente. Normalmente, as flutuações do vácuo são insignificantes se a região de vácuo que observamos não for extremamente pequena. Mas o que dizer do vácuo submetido ao campo gravitacional intenso que reina perto de um buraco negro? Esta é a pergunta que Hawking se colocou; de acordo com seus cálculos, algumas das partículas que constituem as flutuações do vácuo caem no buraco, ao passo que outras escapam sob forma de radiação. De fato, um buraco negro emite radiação eletromagnética (luz, portanto) exatamente como qualquer corpo emite luz quando o aquecemos. Podemos, assim, falar da temperatura de um buraco negro.

O resultado de Hawking foi, de início, acolhido com muito ceticismo pelos físicos, mas foi confirmado por cálculos independentes, e hoje é bem aceito.[5] Talvez seja preciso dizer logo que os buracos negros de grande massa têm uma temperatura de Hawking extremamente baixa e a radiação correspondente é totalmente indetectável. Essa radiação tem, porém, uma importância teórica considerável, de que gostaria agora de dar uma ideia.

A segunda lei da termodinâmica afirma, como vimos, que a entropia nunca pode diminuir. Parece que podemos contradizer essa lei lançando num buraco negro objetos carregados de muita entropia. (Haverá um pequeno acréscimo de massa ao buraco, mas ele esquecerá o que foi jogado nele.) Podemos, porém, salvar a segunda lei da termodinâmica dando ao buraco negro uma entropia (dependente de sua massa e de seu momento angular). Um buraco negro pode ser produzido de um grande número de maneiras (a partir de hidrogênio, de ouro etc.), e o número de algarismos do número de histórias passadas possíveis do buraco é uma definição natural de sua entropia. De maneira um pouco mais matemática, podemos escrever:

entropia = k log (número de histórias possíveis do buraco)

Podemos assim construir uma teoria coerente da termodinâmica de um buraco negro, ao qual se atribui em particular uma temperatura bem definida. Mas então, como qualquer corpo a essa temperatura, ele deveria emitir uma radiação eletromagnética (luz, portanto). Pois bem, ele a emite, como mostrou Hawking. Assim, de maneira inesperada, os buracos negros se inserem perfeitamente no quadro da termodinâmica e da mecânica estatística. Trata-se de um desses milagres que às vezes acontecem na ciência, inesperado, mostrando que há nas leis da natureza uma harmonia maior do que a que teríamos ousado imaginar.

Notas

1. Se, em vez de água, você pegar vidro fundido e o deixar esfriar, ele se tornará cada vez mais viscoso, até finalmente se tornar vidro frio, bem rígido e sólido. Os físicos lhe dirão, porém, que esse vidro frio não é um sólido normal: a sua estrutura microscópica não está em equilíbrio e sofrerá mudança se se aguardar bastante tempo. (Essa mudança, aliás, quase não é apreciável durante uma vida humana.) O que isso significa é que os vidros não fazem parte do pedaço de realidade que é bem descrito pela mecânica estatística do equilíbrio.
2. Ver especialmente D. Ruelle, *Statistical mechanics, rigorous results*, Nova York: Benjamin, 1969; Ya G. Sinai, *Theory of phase transitions:* rigourous results, Oxford: Pergamon, 1982.
3. Ver, por exemplo, D. J. Amit, *Field theory, the renormalization group, and critical phenomena*, 2. ed., Singapura: World Scientific, 1984, e as referências dadas nesse livro.
4. Um processo típico das flutuações do vazio é a criação simultânea de um elétron e de um pósitron e seu rápido desaparecimento por aniquilação mútua. Conservando-se a carga elétrica, um elétron não pode ser criado ou desaparecer sozinho. Processos como este que acaba de ser mencionado são estudados em *eletrodinâmica quântica* (QED), e o livro de Feynman oferece uma introdução acessível a esta parte fascinante da física (ver nota 1, capítulo 15).
5. Um livro interessante sobre os buracos negros é o seguinte: K. S. Thorne, R. H. Price and D. A. Macdonald, *Black holes:* the membrane paradigm, New Haven: Yale University Press, 1986. Trata-se de um livro técnico, cheio de fórmulas complicadas, mas o fato de que essas fórmulas sejam explicitadas é importante para o físico que queira saber qual é o "jeito" de uma teoria, mesmo se não tiver a intenção de se tornar ele próprio um especialista naquela teoria. Uma apresentação muito mais acessível é a que o próprio Hawking escreveu para o grande público: S. W. Hawking, *A brief history of time*, Londres: Bantam, 1988.

CAPÍTULO 21

INFORMAÇÃO

Banhada em seu próprio sangue, a pluma corre sobre o pergaminho. Você acaba de assinar um pacto com o Diabo. Você lhe promete a alma depois da morte se, durante a vida, ele lhe der a riqueza e tudo o que ela permite comprar. Como manterá o Diabo sua palavra? Ele poderia dar-lhe as coordenadas de um tesouro escondido, mas isso está um pouco fora de moda. De maneira mais prática, ele poderia informar antecipadamente a você os resultados das corridas de cavalos, o que lhe permitiria conseguir certa estabilidade financeira. Se você for mais exigente, talvez ele lhe dê com antecedência as cotações da bolsa. O *conhecimento* é o que o Diabo lhe oferece. Em todos os casos, o que você recebe em troca de sua alma é conhecimento, informação: as coordenadas de um tesouro, os nomes dos cavalos ganhadores ou listas de preços de ações. É graças a essa informação que você se torna rico, amado e respeitado.

Eis aqui outro exemplo do poder da informação. Suponhamos que alguns extraterrestres mal-intencionados queiram eliminar a espécie humana da superfície do globo sem causar danos ao ambiente. Eles podem agir empregando um vírus apropriado. Eles procuram um vírus tão letal quanto o da Aids, mas facilmente transmissível e de ação rápida como alguma nova variedade de vírus da gripe. Eles procuram uma arma que não nos dê tempo para preparar vacinas e organizar a defesa.

Podemos esperar que o vírus necessário para a eliminação da humanidade ainda não exista em nosso planeta. Mas ele poderia ser produzido com os meios técnicos convenientes. Aquilo que nossos extraterrestres mal-intencionados precisam é de uma descrição precisa do vírus: informação, novamente. No caso da Aids, a informação necessária está, quanto ao essencial, contida na sequência de bases que codifica a informação genética do vírus. Essa sequência é uma mensagem escrita com um alfabeto de quatro letras (A, T, G, C),[1] e a mensagem contém 9 749 letras, mais ou menos. É uma mensagem bastante curta. Sem dúvida, há uma mensagem de comprimento semelhante que codifica um vírus letal, rápido, altamente transmissível e capaz de exterminar a todos. Essa mensagem, que significaria o fim da humanidade, poderia ser impressa em algumas páginas do livro que você tem agora entre as mãos.

Pessoalmente, eu não me angustiaria demais com extraterrestres mal-intencionados. Os chefes de Estado paranoicos e os governos fanáticos me parecem mais terríveis. Eles achariam, sem dificuldades, cientistas de ideais confusos ou técnicos sem discernimento e sem imaginação para trabalharem nos projetos mais delirantes, mais suicidas. Talvez seja assim que a história da humanidade termine.

O único pensamento consolador que me ocorre sobre este assunto é o seguinte. Se os extraterrestres mal-intencionados ou os cientistas desorientados tiverem de contar com o acaso para encontrar a descrição do vírus último, então não temos realmente nada a temer. O número de mensagens de cerca de dez mil letras escritas num alfabeto de quatro letras é bem maior do que o número de grãos de areia de todas as praias de nossa Galáxia, maior do que o número de átomos de todo o Universo conhecido. A imensidão desse número é inconcebível. Em suma, ninguém pode esperar adivinhar exatamente uma mensagem de dez mil letras de comprimento.

O comprimento de uma mensagem dá uma indicação sobre a *quantidade de informação* que ela contém. O comprimento da mensagem é importante, mas é preciso também levar em conta a escolha do alfabeto: podemos substituir as quatro letras A, T, G, C pelos algarismos 0, 1 se traduzirmos uma letra por dois algarismos: A = 00, T = 01, G = 10, C = 11. O comprimento da mensagem traduzida é duas vezes o da mensagem original, mas a quantidade de informação nas duas mensagens é a mesma. Poderíamos, ademais, igualmente codificar pares de letras sucessivas A, T, G, C por dezesseis letras do alfabeto a, b, c, ..., p, o que daria uma mensagem metade mais longa, mas sempre contendo a mesma quantidade de informação.

Quando lhe apresentam um texto em inglês, você pode comprimi-lo suprimindo as vogais, e o texto geralmente continua a ser compreensível. Portanto, escrevemos mais letras do que o indispensável, o que significa que o inglês escrito é redundante. Com certeza, o mesmo ocorre com o francês e com o português. Para medir a quantidade de informação contida num texto, é preciso em primeiro lugar saber em que língua ele está escrito. Mais comumente, se quisermos falar de quantidade de informação contida em textos ou mensagens, será preciso saber quais são as mensagens permitidas (dentre aquelas que têm uma dada extensão). Se tivermos a lista das mensagens permitidas, poderemos enumerá-las. Poderemos então codificar cada mensagem por seu número de ordem, e essa codificação já não terá nenhuma redundância. A extensão dos números-códigos é, portanto, uma boa medida da quantidade de informação das mensagens. Isso nos leva à seguinte definição:

quantidade de informação = número de algarismos
do número de mensagens permitidas

Esta definição corresponde mais ao estudo de uma classe de mensagens permitidas do que ao estudo de uma só mensagem (é possível um outro ponto de vista, e ele será discutido num dos próximos capítulos). É preciso modificar um pouco a definição quando as diferentes mensagens não têm a mesma probabilidade, mas não nos preocuparemos agora com essa complicação.[2]

Por analogia com a definição da entropia, poderíamos escrever também:

quantidade de informação = K log
(número de mensagens permitidas)

A quantidade de informações costuma ser expressa em *bits* (do inglês *binary digits*). Isso quer dizer que se traduz a mensagem num alfabeto binário (com as duas "letras" 0 e 1) e se mede sua extensão. (Ou, de modo equivalente, toma-se K = 1/log2 na fórmula acima.)

O americano Claude Shannon, num artigo publicado em 1948,[3] criou de uma só vez uma nova ciência: a *teoria da informação*. O objeto dessa teoria é resolver um problema prático importante: como transmitir informação com eficiência. Suponho que você tenha uma fonte que produz constantemente informação (um político fazendo um discurso, sua sogra ou seu cunhado conversando no telefone – não se exige que o que eles dizem faça sentido). Você pode considerar esse fluxo de informação como uma sucessão de mensagens de certo comprimento, em francês, e produzidas numa certa cadência. A sua tarefa, como técnico, é transmitir essas mensagens através de certa linha de comunicação. Essa linha pode ser um velho cabo telegráfico, ou um raio *laser* apontado para uma estação espacial distante. A linha tem certa *capacidade*: é o maior número de símbolos binários (*bits*) que se pode transmitir por segundo. Se a sua fonte de informação produzir um número de *bits* por segundo maior do que a capacidade da linha, você não poderá transmitir a mensagem (pelo menos na velocidade em que é produzida). Caso contrário, você pode transmiti-la, mas ainda lhe resta o problema de se livrar de uma parte da redundância da mensagem original por meio de uma codificação apropriada. (É o que chamamos de *compressão de dados*; a mensagem pode ser comprimida se for redundante, mas a informação não é comprimível.)

Outro problema que se coloca é o do ruído na linha. Podemos enfrentá-lo aumentando a redundância da mensagem de maneira adequada. Eis como. Quando você codifica a mensagem, introduz alguns *bits* de informação suplementar que lhe permitem verificar quando o ruído modificou uma letra, e outros *bits* que lhe permitem corrigir o erro. Em outras palavras, você utiliza um código corretor de erros. Se a capacidade da linha é suficientemente alta, e o ruído baixo o bastante, você pode vencê-lo com um código corretor de erros. Ou, mais precisamente, você pode garantir que a probabilidade de transmissão de uma mensagem incorreta seja arbitrariamente pequena. Isso evidentemente exige demonstração, e a teoria dos códigos corretores de erros é difícil, mas as ideias de base são simples.

A definição da informação é calcada na da entropia, e esta última dá a medida da quantidade de acaso presente num sistema. Por que a informação é medida em termos de acaso? Simplesmente porque, ao escolhermos uma mensagem dentre toda uma classe de mensagens possíveis, livramo-nos da incerteza ou do acaso presente nessa classe.

O sucesso da teoria da informação foi notável, tanto em seus desenvolvimentos matemáticos quanto em suas aplicações práticas. Como no caso das teorias físicas, é preciso, no entanto, compreender que a teoria da informação se aplica a idealizações e ignora certas características importantes da realidade. A fonte de informação supostamente produz uma sequência casual de mensagens permitidas (ou uma mensagem infinitamente longa com certas propriedades estatísticas). Não se exige que as mensagens sejam úteis ou logicamente coerentes, nem que tenham algum sentido. Dizer que uma mensagem contém uma grande quantidade de informação equivale a dizer que ela é escolhida dentro de uma grande classe de mensagens permitidas, ou que muito acaso está presente. Este acaso pode corresponder em parte a informação útil, em parte a ruído sem interesse.

Examinemos um exemplo, o das melodias musicais. Deixamos de lado diversos detalhes e consideramos as melodias como mensagens cujo alfabeto é dado por uma escala. Podemos tentar descobrir a quantidade de informação (ou de acaso) contida na melodia estudando a frequência das diversas notas e a estatística dos intervalos entre notas sucessivas (este é um procedimento padrão na teoria da informação).[4] Mencionei num capítulo precedente que a música antiga utilizava sobretudo pequenos intervalos, e por conseguinte um pequeno número de intervalos. Na música mais recente, encontramos uma variedade crescente de intervalos frequentes. Podemos concluir daí que (na música clássica ocidental) há um crescimento gradual da quantidade de informação, ou de acaso, contida nas melodias musicais.[5] Esta conclusão é interessante, mas deve ser tomada com cautela. Realmente, há outras regularidades numa melodia que não as descritas pela estatística dos intervalos entre notas sucessivas. Uma peça de música tem um começo e um fim, e não pouca estrutura entre ambos. Esta estrutura não corresponde simplesmente a correlações entre notas seguidas (a estatística dos intervalos), mas também a correlações de longo alcance (correlações que se estendem por toda a peça). É difícil levar em conta essas correlações de longo alcance do ponto de vista da teoria da informação, e portanto elas são esquecidas.

De resto, a informação contida numa melodia pode ser imaginativa e original, ou monótona e sem sentido. Se dispusermos um papel pautado sobre um mapa celeste e marcarmos notas no lugar das estrelas, obteremos uma "música celeste" com muita informação; isso, porém, não quer dizer que seja uma música de alta qualidade.

A quantidade de informação contida numa obra de arte é uma noção importante (que poderia ser definida na pintura tanto quanto na música ou na poesia). Isso não quer dizer que uma alta qualidade corresponda a uma quantidade alta ou baixa de informação. Sem dúvida, não podemos falar de arte se não houver um mínimo de informação, mas alguns artistas tentaram usar valores muito pequenos. Em contrapartida, inúmeras obras de arte (pinturas ou romances) contêm uma quantidade enorme de informação.[6]

Aqui talvez você comece a se impacientar um pouco. De fato, estou dissertando sobre a quantidade de informação contida nas mensagens e nas obras de arte, abstendo-me cuidadosamente, porém, de falar do problema da significação delas. Dirá você que essa é a irritante atitude costumeira dos cientistas, que sistematicamente se preocupam com o aspecto mais formal e superficial das coisas, e perdem de vista o essencial. Para responder a essa crítica, é preciso ver que o valor da ciência reside mais nas boas respostas (se possível, respostas simples) que ela pode dar, do que na profundidade dos problemas com que poderia preocupar-se. O problema do sentido, da significação, é visivelmente profundo e complexo. Ele está ligado, entre outras coisas, ao problema do funcionamento de nosso cérebro, sobre o qual somos bastante ignorantes. Não devemos, portanto, nos espantar muito com que a ciência de hoje se restrinja a aspectos superficiais do problema da significação. Um desses aspectos superficiais é o estudo da quantidade de informação, no sentido examinado no presente capítulo, e é notável ver até onde isso nos leva. Podemos medir quantidades de informação da mesma maneira como medimos quantidades de entropia ou de corrente elétrica. Não só isso tem implicações práticas, como também nos permite interessantes considerações sobre a arte. Evidentemente, gostaríamos de colocar questões mais ambiciosas, mas no mais das vezes é claro que essas questões ultrapassam nossas faculdades de análise. Pense-se nas melodias musicais: são mensagens que julgamos compreender profundamente, mas somos totalmente incapazes de explicar o que elas significam. A existência da música é um escândalo intelectual permanente, mas apenas mais um entre muitos outros. Os cientistas sabem quanto é difícil analisar fenômenos físicos simples como a ebulição da água, ou seu congelamento, e não se surpreendem muito ao ver que muitas questões relativas à mente humana (ou ao funcionamento do cérebro) por enquanto ultrapassam o nosso entendimento.

Notas

1. Como o vírus da Aids é um vírus de ácido ribonucleico, as quatro letras não são A, T, G, C originalmente, mas uma cópia nesse alfabeto é efetuada pela transcriptase inversa.

2. Para uma família de mensagens que tenham probabilidades p_1, p_2, ..., a quantidade média de informação de uma mensagem é dada por

$$\text{quantidade média de informação} = -\sum_i p_i \log p_i$$

Se houver N mensagens de probabilidade 1/N cada uma, a quantidade média de informação é, portanto, log N. Em muitos casos, o *teorema de Breiman-McMillan* reduz o estudo de mensagens que tenham probabilidades diferentes ao estudo de mensagens equiprováveis. Para uma boa análise técnica da teoria da informação, incluindo o teorema de Breiman-McMillan, ver P. Billingsley, *Ergodic theory and information*, Nova York: John Wiley, 1965.

3. C. Shannon, A mathematical theory of communication, *Bell System Tech. J.*, v. 27, p. 379-423, 623-56, 1948.

4. Para estudar a informação contida numa melodia, gostaríamos de utilizar as estatísticas correspondentes a grupos de dois, três, quatro... notas consecutivas. Mas os intervalos entre duas notas consecutivas fornecem facilmente um limite superior para a quantidade de informação.

5. Ver a referência na nota 1, capítulo 19. Evidentemente, é preciso comparar melodias do mesmo comprimento, ou dividir pelo comprimento da melodia.

6. Em toda análise específica, é preciso especificar a família das mensagens permitidas, por exemplo das pinturas retangulares de cor uniforme. (Esta classe contém pouca informação, pois podemos escolher apenas as dimensões do retângulo e uma cor particular, e o número de escolhas que podem ser distinguidas não é muito alto.) Pode ser difícil especificar explicitamente a família de mensagens permitidas numa dada forma de arte (como a “pintura abstrata”), mas geralmente sentimos que há muitas escolhas possíveis (como no caso de um romance) ou poucas (como no caso de um soneto).

CAPÍTULO 22

COMPLEXIDADE ALGORÍTMICA

A ciência progride com a criação de novos conceitos: novas idealizações na física, novas definições nas matemáticas. Depois de algum tempo, alguns dos novos conceitos revelam-se pouco naturais e pouco fecundos. Outros, em compensação, acabam revelando-se mais úteis e mais fundamentais do que se imaginara de início. Assim, o conceito de *informação* revelou-se um dos mais férteis dentre os que a ciência moderna criou. Entre outras coisas, a informação permite-nos abordar o problema da *complexidade.*

Estamos rodeados de objetos complexos, mas que é a complexidade? Os organismos vivos são complexos, as matemáticas são complexas e a construção de um foguete espacial é complexa. Que têm em comum essas coisas? Pois bem, provavelmente elas contêm muita informação difícil de obter. Somos incapazes, por enquanto, de criar integralmente organismos vivos, temos muita dificuldade para provar certos teoremas matemáticos, e é preciso muito trabalho para conceber e realizar um foguete espacial.

Um objeto (físico ou intelectual) é complexo se contém informação difícil de obter. Não especificamos o que "difícil de obter" significa e, por conseguinte, nossa definição da complexidade não tem significação precisa. De fato, o francês e o português, como as outras línguas *naturais* utilizadas pelos homens na vida cotidiana, permitem-nos definições maravilhosamente vagas e imprecisas como a que acabamos de dar à complexidade. Essa imprecisão muitas vezes é mais uma vantagem do que um inconveniente. Mas, se quisermos fazer ciência, devemos ser mais estritos, mais formais. E por conseguinte haverá não uma, mas várias definições da complexidade, conforme o quadro em que nos situarmos. Assim, uma discussão séria da complexidade da vida deve levar em conta o quadro físico do universo em que a vida se desenvolve. Mas há conceitos de complexidade que podem ser analisados num quadro puramente matemático. Vou agora examinar um desses conceitos, o de *complexidade algorítmica*.

Em poucas palavras, um algoritmo é uma maneira sistemática de efetuar uma determinada tarefa ou de resolver um determinado problema. O problema é de natureza matemática e se trata, trabalhando com dados simbólicos finitos, de chegar a um certo resultado por meio de um número finito de manipulações explicitadas sem ambiguidade. Por exemplo, todos nós aprendemos o algoritmo para multiplicar dois números inteiros. Um algoritmo sempre age sobre uma mensagem de dados, como "3 x 4" (escrita com os símbolos 0, 1, 2, ..., 9, x), e fornece uma mensagem de resultado, como "12". O modo mais fácil de executar uma multiplicação é, hoje em dia, utilizar um computador, e podemos definir um algoritmo como uma tarefa que pode ser executada por um computador (que comporte um programa adequado). O que aqui entendemos por computador é uma máquina um tanto idealizada: a máquina (incluindo o programa) é finita, mas uma memória infinita está à sua disposição. (Não queremos limitar a definição de um algoritmo simplesmente porque os computadores comerciais não podem guardar na memória um número de E100 algarismos.)

O matemático britânico Alan Turing inventou e descreveu com precisão um computador que se presta bem ao estudo teórico dos algoritmos. (Quanto à utilização prática, essa máquina seria, aliás, notavelmente ineficaz.)

A *máquina de Turing* tem um número finito de *estados internos*: alguns estados ativos e um estado inativo. A máquina executa seu trabalho sobre um rolo de papel infinito, dividido numa série de casas. (Esse rolo serve de memória.) Sobre cada casa do rolo está marcado um símbolo de um alfabeto finito, sendo um desses símbolos *vazio*. A máquina de Turing opera por ciclos sucessivos de maneira completamente previsível. Quando ela está no estado inativo, não faz nada. Caso contrário, a máquina lê a casa em que se encontra e, de acordo com seu estado interno e com o que acaba de ler, realiza as seguintes tarefas:

(a) apaga o que estava escrito e escreve algo diferente (ou a mesma coisa) na casa;
(b) desloca-se uma casa, para a esquerda ou para a direita;
(c) passa a um novo estado interno.

Se o novo estado interno for um estado ativo, a máquina começará um novo ciclo, determinado pelo conteúdo da nova casa e seu novo estado interno.

Na situação inicial, o rolo contém uma mensagem finita que é a mensagem de dados (o resto do rolo está vazio, quer dizer, é formado de casas com o símbolo *vazio*). A máquina dá a partida em um extremo da mensagem de dados, e as coisas estão ordenadas de modo tal que, quando a máquina se detiver, terá escrito uma nova mensagem, que será sua resposta ou mensagem de resultado. A resposta pode ser sim ou não, ou um número, ou uma mensagem mais longa. Podemos fazer com que uma máquina de Turing adicione ou multiplique números inteiros, ou realize qualquer outra tarefa que um computador poderia realizar. Não temos, aliás, necessidade de uma infinidade de máquinas diferentes para tarefas diferentes, pois *existe uma máquina de Turing universal*. Para fazer funcionar um algoritmo particular nessa máquina universal, devemos descrever no rolo uma mensagem de dados que contenha, ao mesmo tempo, a descrição do algoritmo e os dados particulares de que vamos nos ocupar.[1]

Resumindo, um algoritmo é uma maneira sistemática de efetuar certa tarefa, e podemos utilizar um computador para aplicar o algoritmo. De fato, basta utilizar essa espécie de computador muito primitivo que chamamos de máquina de Turing. Para uma dada tarefa, podem existir algoritmos eficientes ou ineficazes, de acordo com o número de ciclos da máquina de Turing necessários para a obtenção de uma resposta. A *complexidade algorítmica* de um problema depende, portanto, da existência de algoritmos eficientes para tratar desse problema. Para saber se um algoritmo é ou não eficiente, comparamos o comprimento L da mensagem de dados e o tempo T (número de ciclos de uma máquina de Turing universal) necessário para obter uma resposta. Se T crescer como L^n, isto é, se existem constantes C e n tais que

$$T \leq C(L+1)^n$$

dizemos que temos um algoritmo de *tempo polinomial*. (A razão deste nome é que $C(L+1)^n$ é um polinômio em L.)

Um algoritmo de tempo polinomial é considerado eficiente, e dizemos que o problema correspondente é *tratável*. Se n = 1, o tempo gasto pelo algoritmo será, *grosso modo*, proporcional ao quadrado do comprimento dos dados etc. Podemos mostrar que o caráter tratável ou não de um problema não depende da escolha da máquina de Turing universal utilizada. Consideremos, por exemplo, o problema em que a mensagem de dados é um número inteiro, e em que queremos saber se ele é divisível por dois, ou por três, ou por sete. Você não vai ficar muito surpreso ao saber que tais problemas são tratáveis (e sem dúvida você aprendeu na escola os algoritmos eficientes que permitem resolvê-los).

Fundamentalmente, os computadores modernos são máquinas de Turing universais (o que lhes falta é uma memória realmente infinita). É, portanto, importante saber quais são os problemas tratáveis, ou seja, aqueles para os quais existe um algoritmo eficiente. Mas a descoberta de um tal algoritmo pode ser difícil. Assim, só desde alguns anos dispomos de algoritmos de tempo polinomial para a *programação linear.*[2] Tecnicamente, o problema da programação linear é encontrar o máximo de uma função linear sobre um poliedro convexo. O teorema do minimax na teoria dos jogos leva a um problema desse tipo. A utilização eficiente dos recursos econômicos dá lugar também a problemas de programação linear. Neste caso, portanto, a existência de um algoritmo eficiente pode ter consequências práticas importantes.

No entanto, nem todos os problemas são tratáveis. Suponhamos que a única maneira que tenhamos de tratar um certo problema requeira um estudo caso por caso de todas as mensagens de comprimento L escritas em alfabeto binário. Isso levará um tempo

$$T \geq 2^L$$

Aqui, o tempo mínimo estimado para resolver o problema é multiplicado por dois quando o comprimento L dos dados é aumentado em 1. Vimos exemplos de crescimento exponencial desse tipo em capítulos anteriores e pudemos perceber que tal crescimento, rapidamente, dá números enormes. Um algoritmo de tempo exponencial é, portanto, de utilidade limitada. Em geral, um problema para o qual não existe algoritmo de tempo polinomial é considerado *intratável.*

Quais são, então, os exemplos de problemas intratáveis, e por que são intratáveis? Sugiro que você proponha essas perguntas a um especialista em informática teórica, se você tiver algum deles entre seus amigos. Conte com algumas horas para a resposta e procure ter um quadro negro à sua disposição. Não que seja difícil de explicar, mas é, digamos... um pouco técnico. Também é totalmente fascinante. Seu amigo definirá os problemas *NP completos*[3], *NP difíceis*, e explicará que tais problemas são supostamente intratáveis. Seria formidável se se pudesse mostrar que os problemas NP completos (ou difíceis) são intratáveis. Seria ainda mais formidável se pudéssemos provar que eles são tratáveis...

Você está perplexo? Tudo o que eu posso fazer razoavelmente, aqui, é dar indicações sucintas sobre estas questões, mais alguns exemplos de problemas que sejam, segundo os especialistas, intratáveis.

Um exemplo citado com frequência é o problema do caixeiro-viajante. Dão a você as distâncias entre certo número de cidades e lhe concedem certa quilometragem total. (As distâncias e a quilometragem são números inteiros de quilômetros ou de qualquer outra unidade.) A questão é saber se existe um circuito que una todas as cidades e cujo comprimento não exceda a quilometragem permitida. Deve-se responder sim ou não. Se é proposto certo circuito, é bastante fácil verificar se a condição de quilometragem máxima é satisfeita. Em compensação, não é viável testar todos os circuitos possíveis, um a um, quando é grande o número de cidades a visitar. O problema do caixeiro-viajante é um exemplo de problema NP completo.

De acordo com a definição que seguiremos aqui, os problemas NP completos requerem uma resposta por sim ou não. Exige-se também que a existência de uma resposta positiva possa ser verificada em tempo polinomial. (Há uma assimetria entre as respostas sim e não, já que não se exige que uma resposta negativa seja verificável em tempo polinomial.) Suponhamos que você tenha um problema favorito do tipo em questão; chamemo-lo *problema X*. Suponhamos que o problema X possa ser resolvido em tempo polinomial se você tiver livre acesso às soluções do problema do caixeiro-viajante. E suponhamos que o problema do caixeiro-viajante possa ser resolvido em tempo polinomial se você tiver livre acesso às soluções do problema X. Dizemos então que o problema X é NP completo. Apesar de muitos esforços, não se descobriu um algoritmo polinomial que resolva os problemas NP completos. Pensa-se, em geral, que ele não existe e que, portanto, esses problemas são intratáveis. Mas isso não foi provado.

Vale a pena introduzir problemas ditos NP difíceis, que são pelo menos tão difíceis quanto os problemas NP completos, mas não requerem uma resposta por sim ou não (segundo a definição de Garey e Johnson que seguimos aqui; ver a nota 1). Eis um exemplo: o problema do *vidro de spin*. A mensagem de dados é um quadro de números a(i,j) cujo valor é +1 ou -1, em que i e j vão de 1 a n (por exemplo de 1 a 100, e neste caso há dez mil números +1 ou -1 no quadro). Pergunta-se o valor máximo da expressão

$$\mathcal{E} = \sum_{i=1}^{n} \sum_{j=1}^{n} a(i,j)\, x(i)\, x(j)$$

onde os valores permitidos para x(1), ..., x(n) são, de novo, +1 ou -1. Assim, é preciso adicionar n^2 termos, cada um igual a +1 ou a -1, e tornar o resultado máximo. Talvez você se recuse a acreditar que esse problema seja intratável, e talvez você tenha razão, mas ninguém encontrou um algoritmo eficiente para resolvê-lo. (Observe que a mensagem dos dados contém n^2 *bits* e que um estudo caso por caso exige que se considerem 2^n casos.) O problema do vidro de spin é o protótipo de uma família de problemas que se colocam na física dos *sistemas desordenados*.[4] (É a *interação* a(i,j) entre os sítios i e j que é desordenada.) O problema de tornar $\mathcal{E}$ máximo é semelhante ao problema de encontrar o mais alto pico de uma cadeia de montanhas (ver a Figura 1). Mas o que é fácil no caso da figura (porque x varia sobre um intervalo de reta), é difícil no caso do vidro de spin. Neste caso, realmente, a geometria dos picos e dos vales tem n dimensões... e é intratável (mesmo se, para cada uma das dimensões, apenas os dois valores +1 e -1 forem possíveis).

O problema do vidro de spin permite apresentar uma idealização ou, mais exatamente, uma metáfora do problema da vida. De acordo com a metáfora, o problema da vida é encontrar uma mensagem genética x(1) ... x(n) que dê um valor alto a uma expressão complicada como $\mathcal{E}$ acima. De acordo com o que dissemos, isso pode ser um problema muito difícil. Há indicações de que a metáfora da vida que acabamos de apresentar não deixa de ter relação com a realidade.[5]

A ideia de complexidade algorítmica pode também servir de metáfora para a dificuldade de demonstrar teoremas matemáticos, ou de construir foguetes espaciais. Nós veremos, no entanto, que a demonstração dos teoremas leva a níveis de complexidade mais profundos do que os dos problemas NP completos: mais profundos, mais obscuros e mais apavorantes.

FIGURA 1 – Qual é o maior valor de & (x)?

Notas

1. Ver M. R. Garey e D. S. Johnson, *Computers and intractability*, Nova York: Freeman, 1979. É a referência padrão sobre a complexidade algorítmica, e nós adotamos aqui a sua terminologia. Esse livro contém em particular uma análise das máquinas de Turing.

2. Algoritmos eficientes para a programação linear foram inventados por L. G. Khachiyan e (de maneira mais utilizável praticamente) N. Karmarkar. Ver a nota 2, capítulo 6, para a formulação de um jogo finito binário de soma nula como problema de programação linear.

3. A sigla NP significa *Nondeterministic Polynomial*. Isso corresponde ao fato, discutido mais adiante no texto, de que uma resposta positiva pode ser verificada em tempo *polinomial* se um oráculo (*não determinista*) lhe der uma boa dica. Os problemas *NP completos* são todos igualmente difíceis: se você puder resolver um deles, poderá resolvê-los todos: daí a qualificação de *completo*.

4. Para os vidros de spin e os sistemas desordenados, ver M. Mézard, G. Parisi e M. A. Virasoro, *Spin glass theory and beyond*, Singapura: World Scientific, 1987. O problema do vidro de spin, tal como o definimos aqui, não é analisado em Garey e Johnson (nota 1), mas está próximo de SMC ("Simple Max Cut"), que é NP completo.

5. A estrutura em árvore da evolução natural é semelhante à estrutura em árvore dos *vales* na solução de Parisi do modelo dos vidros de spin (a solução de Parisi é descrita em *Spin glass theory and beyond*, nota 4). Esta analogia parece manter-se no nível quantitativo [ver H. Epstein and D. Ruelle, *Test of a probabilistic model of evolutionary success*, *Physics Reports*, v. 184, p. 289-92, 1989].

CAPÍTULO 23

COMPLEXIDADE E TEOREMA DE GÖDEL

Em 1931, o lógico de origem austríaca Kurt Gödel publicou o que, sem dúvida, é o resultado conceitual mais profundo obtido pela humanidade ao longo do século XX. Lembro-me de ter visto Gödel no Institute for Advanced Study de Princeton, nos anos 60 e no início dos anos 70. Era um homenzinho amarelado e magérrimo, e usava tampões de algodão nas orelhas. Eis aqui uma história típica que ouvi a seu respeito.[1] Tinham permitido a um colega visitante que utilizasse a escrivaninha de Gödel enquanto ele estivesse ausente. Ao ir embora, o colega deixara um bilhete de agradecimento sobre a escrivaninha de Gödel, lamentando não tê-lo encontrado e exprimindo a esperança de conhecê-lo de maneira mais íntima em outra ocasião. Um pouco mais tarde, o colega encontrava em meio à sua correspondência um envelope enviado por Gödel. Ele continha o bilhete endereçado a Gödel, onde este último sublinhara a frase *espero ter a oportunidade de conhecê-lo de maneira mais íntima em outra ocasião*, acrescentando a lápis: *o que você quer dizer com isso exatamente?*

Kurt Gödel morreu de inanição em 1978. Parece que ele tinha medo de que o envenenassem, ou Deus sabe o que, e se recusava a comer.

Se você contar o suicídio de Ludwig Boltzmann e o de Alan Turing (ele era homossexual num lugar e numa época em que isso não era aceito), você poderá pensar que os cientistas são pessoas muito propensas ao suicídio. Esta conclusão, porém, seria totalmente errônea. A maioria dos cientistas são pessoas normalíssimas, muitas vezes tão normais que chegam a ser aborrecidas e sem imaginação. E acho que não vão me contradizer se eu afirmar que também em seus trabalhos científicos eles são aborrecidos e sem imaginação. Até suas notícias necrológicas frequentemente são medíocres e estereotipadas; exprimem a desolação por seu "desaparecimento prematuro" e trazem, na França, a lista de seus títulos e condecorações. Nos Estados Unidos, insiste-se mais nas qualidades domésticas (não raro pouco críveis) do falecido, sua assiduidade na sinagoga ou seu interesse por obras paroquiais. Celebra-se também o seu "entusiasmo contagiante" (os americanos dizem "infectious") e outras tolices. (O entusiasmo infeccioso é uma doença muito horrível, mas muitas vezes só é diagnosticado após a morte do paciente.)

Mas voltemos a Kurt Gödel. Quaisquer que tenham sido os seus problemas, pelo menos ele não sofria de entusiasmo infeccioso (nem o transmitia às pessoas ao seu redor).

Para compreender a descoberta de Gödel, talvez seja útil ter em mente alguns traços de caráter – ordem, parcimônia, teimosia – que são comuns entre os cientistas (e particularmente entre os matemáticos) e que lhes são úteis. Esses traços de caráter foram vinculados por Freud à predisposição à neurose obsessiva e ao estágio sádico-anal da evolução da libido.[2] De qualquer forma, os traços de caráter em questão tornam natural a ideia de apresentar a matemática e suas regras de dedução de maneira tão limpa e ordenada quanto possível. O grande sonho, portanto, é basear a matemática em regras de inferência lógica perfeitamente definidas e num número finito de asserções fundamentais completamente explícitas, que chamamos de axiomas. Este sonho desenvolveu-se desde Euclides, o Grego (cerca de 300 a.C.) até David Hilbert, o grande matemático alemão (1862-1943), e levou a uma formalização progressiva do conjunto das matemáticas. A aritmética dos números inteiros foi formalizada particularmente cedo, e o cúmulo do grande sonho dos matemáticos foi a seguinte esperança: que, para toda asserção precisamente formulada a respeito dos números inteiros, pudéssemos deduzir de maneira sistemática se ela é verdadeira ou falsa. Foi essa esperança que Gödel aniquilou.

Gödel mostrou que, se fixarmos as regras de inferência e um número finito qualquer de axiomas, haverá asserções precisamente formuladas sobre as quais não poderemos demonstrar nem que são verdadeiras, nem que são falsas. Mais precisamente, suponhamos que os axiomas aceitos para os números inteiros sejam *não contraditórios*, portanto, que não poderemos nunca, por aplicação repetida das regras de inferência, provar que uma asserção é ao mesmo tempo verdadeira e falsa. Então, há verdadeiras propriedades dos números inteiros[3] que não podem ser deduzidas dos axiomas. E se você aceitar uma tal propriedade como um novo axioma, outras propriedades permanecerão indemonstráveis.

Em nossa compreensão dos fundamentos das matemáticas, o teorema de Gödel desempenhou um papel central. No começo, o choque foi rude. Depois houve uma mudança progressiva nos sistemas de crenças dos matemáticos. Ao mesmo tempo, a difícil demonstração do teorema era simplificada. A simplificação veio da introdução de novos conceitos, em parte por Gödel, em parte por outras pessoas (a máquina de Turing é um dos exemplos). Assim, a descoberta do teorema da incompletude progressivamente mudou a paisagem matemática. E o resultado é que esse teorema hoje nos parece bastante natural, e até mesmo um tanto trivial. O grande sonho era que um conjunto finito de asserções verdadeiras (os axiomas) formaria uma base de que poderíamos deduzir todas as asserções verdadeiras acerca dos números inteiros. Hoje sabemos que o *conjunto de todas as propriedades dos números inteiros* (ou seja, o conjunto de todas as asserções verdadeiras a respeito desses números) *não tem uma base finita*. Há, aliás, uma explicação intuitiva para a ausência de base finita, e essa explicação, como veremos, envolve novamente a *informação*.

Vimos anteriormente como a quantidade de informação contida numa mensagem é definida quando conhecemos a família de todas as mensagens permitidas. Em particular, se todas as mensagens formadas com os símbolos 0 e 1 forem aceitas, então uma sequência de um milhão de 0 contém uma quantidade de informação de um milhão de *bits*. Uma ideia diferente, de autoria de Solomonoff, Kolmogorov e Chaitin,[4] é considerar o comprimento (em *bits*) do menor programa de computador que produza a mensagem em questão como mensagem de resposta. No presente caso, teríamos um programa (ou mensagem de dados) do gênero "imprimir um milhão de 0", e seu comprimento seria bem inferior a um milhão de *bits*. A quantidade assim definida foi chamada *informação algorítmica* ou *complexidade de Kolmogorov-Chaitin*. Trata-se de uma complexidade no sentido de que ela mede a dificuldade de produzir a mensagem (dificuldade no sentido do comprimento do programa, em *bits*, não no sentido do tempo de cálculo). Conforme o computador escolhido, teremos definições ligeiramente diferentes. Podemos supor que se utiliza uma máquina de Turing universal.

Se a mensagem "blablabla..." contiver um milhão de *bits*, sua KC-complexidade (complexidade de Kolmogorov-Chaitin) não pode valer mais do que um milhão de *bits*, já que podemos obter essa mensagem utilizando o programa "imprimir 'blablabla...'". De resto, se a quantidade de informação de uma mensagem for de um milhão de *bits*, sua KC-complexidade costuma não ser muito inferior a um milhão. (Se, por exemplo, supusermos que muitas mensagens podem ser comprimidas a dez por cento de seu comprimento original, chegaremos a uma contradição.) As observações que acabo de fazer não apresentam muita dificuldade.

Vou agora tratar de um problema mais difícil: dada certa mensagem, determinar a sua KC-complexidade. Mas... parece que estou vendo você bocejar! A KC-complexidade não lhe interessa? Ela o aborrece? Pois bem, vou me aproveitar da sua desatenção, vou lhe dar maus conselhos... e em alguns minutos você vai se perder em paradoxos lógicos e vai me pedir perdão.

Como vamos determinar a KC-complexidade da mensagem "blablabla...", com um milhão de *bits* de extensão? Basta fazer uma lista de todos os programas um pouco mais longos do que um milhão de *bits*, inseri-los um de cada vez em nosso computador e examinar as mensagens de resposta. O comprimento do menor programa que tem como resposta "blablabla..." é a KC-complexidade dessa mensagem. Nada mais simples. Na prática, pode ser que isso leve algum tempo, mas em princípio você não vê razão que nos impeça de agir como acabamos de indicar, não é?

Muito bem! Já que estamos aqui, podemos pedir ao computador que imprima a primeira mensagem, pela ordem alfabética, dentre aquelas cuja KC-complexidade é de pelo menos um milhão. Deixo a você o cuidado de definir a ordem alfabética no presente contexto. Deixo-lhe também o cuidado de escrever o "superprograma" que imprima a primeira mensagem (por ordem alfabética) cuja KC-complexidade seja de pelo menos um milhão. Esse superprograma deveria ser bastante curto (ele verifica um número finito de programas e imprime um resultado). Se você tiver o menor dom para a programação, o comprimento de seu superprograma deverá ser bem inferior a um milhão de *bits*... e eis que você se vê mergulhado até o pescoço nos paradoxos lógicos, e pedindo perdão: com um programa de menos de um milhão de *bits* você definiu uma mensagem de KC-complexidade de pelo menos um milhão, em flagrante contradição com a definição da KC-complexidade.

Que fez você de errado? Os lógicos vão lhe dizer que o seu erro foi ficar sentado ao lado do computador, depois de ter nele introduzido um programa, e ter imaginado ingenuamente que, em tempo útil, viria uma resposta. Uma máquina de Turing pode, depois de certo tempo, parar e dar uma mensagem de resposta ou então pode não parar nunca, *e você não sabe de antemão o que vai acontecer.* Não se deve esperar demais de uma máquina de Turing. Em particular, não sabemos se a máquina se deterá depois de nela introduzirmos um determinado programa (ou mensagem de dados): não há algoritmo para resolver este problema. De fato, tampouco há um algoritmo para decidir qual é a KC-complexidade de uma mensagem; trata-se de um aspecto do teorema de Gödel, como descobriu Chaitin.

O que Chaitin mostrou é que asserções do tipo "a mensagem 'blablabla...' têm uma KC-complexidade pelo menos igual a N" ou são falsas, ou então são indemonstráveis quando N é suficientemente grande. Que significa suficientemente grande? Depende dos axiomas da teoria. Os axiomas contêm certa informação (que depende de seu comprimento total), e você não pode demonstrar que "blablabla..." contém mais informação do que os axiomas que você utiliza. É bastante razoável, não é? E, de fato, isso nem é muito difícil de demonstrar.[5]

Haveria ainda muitas coisas a dizer acerca do teorema de Gödel, mas tenho medo de me afogar (e a você também) nos detalhes técnicos e, portanto, vou limitar-me a algumas observações.

Talvez você tenha notado certa incoerência em minhas afirmações acerca do teorema de Gödel. Primeiro eu disse que se tratava de propriedades de números inteiros, depois, pelo contrário, tratei de complexidade de mensagens. De fato, podemos traduzir asserções lógicas (a respeito, por exemplo, da complexidade das mensagens) em propriedades de números inteiros. Foi Gödel quem começou esta espécie de jogo, cujo auge foi a solução do "décimo problema de Hilbert".[6] É, pois, pouco importante que não tenhamos falado explicitamente de números inteiros.

Do ponto de vista adotado por nós, o fato crucial para o teorema de Gödel é que não sabemos se uma máquina de Turing vai ou não se deter quando nela introduzirmos um programa. Para programas de um dado comprimento, ou a máquina funcionará até um tempo máximo e depois parará, ou então continuará a funcionar indefinidamente e não parará nunca. Se conhecêssemos o tempo de parada máximo para cada comprimento de programa, poderíamos saber quais são os programas em que a máquina se detém e quais aqueles em que ela funciona indefinidamente. (Basta deixar rodar a máquina até o tempo de parada máximo para o comprimento do programa dado; se a máquina continuar a funcionar nesse momento, ela não vai parar nunca.) Mas o fato crucial é que não sabemos qual é o tempo de parada máximo. E não podemos conhecê-lo, porque ele cresce mais rapidamente do que qualquer função calculável do comprimento do programa: mais rapidamente do que um polinômio, mais rapidamente do que uma exponencial, mais rapidamente do que uma exponencial de exponencial...

No capítulo anterior, soubemos que um problema é intratável se não podemos resolvê-lo em tempo polinomial (ou seja, polinomial com relação ao comprimento do programa ou da mensagem de dados). Vemos agora quão mais intratáveis são certos problemas matemáticos. Colocamo-nos questões sobre a complexidade das coisas em geral, e o teorema de Gödel nos diz que já a aritmética dos números inteiros é de uma inimaginável complexidade.

E agora uma última questão: que tem tudo isso a ver com o assunto deste livro? Que relação tem o teorema de Gödel com o acaso? Sabemos que podemos produzir indefinidamente novas propriedades dos números inteiros, independentes das que são conhecidas, mas serão aleatórias essas propriedades, em algum sentido? A resposta é positiva, e podemos produzir uma sequência de propriedades dos números inteiros que são, ao acaso, verdadeiras ou falsas (isso foi feito explicitamente por Chaitin).[7] Mais precisamente, podemos, baseando-nos em propriedades dos números inteiros, definir uma sequência de números binários que são 0 ou 1, independentemente e com probabilidade 1/2. Isto simplesmente quer dizer que nenhum meio de cálculo dá em média qualquer vantagem para adivinhar os números seguintes da sequência (esta sequência é, portanto, completamente incalculável).

A lógica do mundo em que vivemos é, portanto, muito espantosa. Ou pelo menos os lógicos nos dão dele um retrato muito surpreendente, com o qual, no entanto, nos acostumamos. E o retrato talvez venha a mudar novamente, para parecer ainda mais extraordinário..., e de novo nos acostumaremos com ele depois de algum tempo.[8]

Notas

1. Quem me contou essa história foi R. V. Kadison.

2. Para orientar-se na obra de Freud, o seguinte livro é muito útil: J. Laplanche e J.-B. Pontalis, *Vocabulaire de la psychanalyse*, Paris: PUF, 1967.

3. Quando dizemos que uma asserção não pode ser nem demonstrada, nem contradita a partir de um sistema de axiomas, mas que ela é verdadeira, que queremos dizer com isso? Para entender, é preciso compreender a natureza do jogo jogado na lógica matemática, que se chama *metamatemática*. Os matemáticos têm diversas teorias, A, B, ..., cada uma das quais baseada num sistema de axiomas que, presume-se, não leva a nenhuma contradição. Assim, A poderia ser uma apresentação axiomática da aritmética dos números inteiros, e B, da teoria dos conjuntos. (Gödel mostrou que não podíamos provar que os sistemas de axiomas do gênero utilizado pelos matemáticos fossem não contraditórios. Portanto, aqui se faz necessária certa fé. Mas a maioria dos matemáticos está convencida de que o sistema de axiomas da aritmética ou da teoria dos conjuntos que utilizam jamais produzirá uma contradição.) Os axiomas, teoremas e regras de inferência da teoria A podem agora ser vistos como objetos matemáticos aos quais podemos aplicar a teoria B. Abordamos então a teoria A *do exterior*, por assim dizer, e isso permite obter resultados que seriam inacessíveis *do interior*. É o jogo matemático, e ele é muito sutil. Mas se acreditarmos na não contradição de A (e de B), consequências como o teorema da incompletude de Gödel são inevitáveis.

4. R. J. Solomonoff, A formal theory of inductive inference, *Inform. and Control*, v. 7, p. 1-22, 224-54, 1964; A. N. Kolmogorov, Trois approches à la définition du concept de quantité d'information, *Probl. Peredachi Inform.*, v. 1, p. 3-11, 1965; G. J. Chaitin, On the length of programs for computing finite binary sequences, *J. ACM*, v. 13, p. 547-69, 1966. Ver também G. J. Chaitin, *Algorithmic information theory*, Cambridge: Cambridge University Press, 1987; G. J. Chaitin, *Information, randomness, and incompleteness*, Singapura: World Scientific, 1987.

5. Ver o teorema 2 do apêndice em G. J. Chaitin, Information-theoretic computational complexity, *IEEE Trans. Inform. Theory*, IT-20, p. 10-15, 1974. Esse artigo foi reproduzido (p. 23-32) em *Information, randomness, and incompleteness* (ver nota 4).

6. Ver M. Davis, Y. Matijasevic e J. Robinson, Hilbert's tenth problem. Diophantine equations: positive aspects of a negative solution, p. 323-78, in: Mathematical developments arising from Hilbert problems, *Proc. Symp. pure Math.* XXVII, Providence, RI: Amer. Math. Soc., 1976.

7. Ver o livro *Algorithmic information theory* da nota 4. A sequência de Chaitin só se torna de fato aleatória depois de um número finito de termos.

8. Pierre Cartier sugeriu que de fato os axiomas da teoria dos conjuntos levam a uma contradição, mas os desenvolvimentos lógicos necessários para mostrá-lo são tão longos que não caberiam em nosso universo físico! De maneira mais ortodoxa, podemos imaginar que novos desenvolvimentos da lógica matemática, embora compatíveis com o que hoje é aceito, lançarão uma luz nova nos fundamentos da matemática.

CAPÍTULO 24

O VERDADEIRO SIGNIFICADO DO SEXO

Estamos nos aproximando do final deste livro, e talvez você lamente não ter podido demonstrar um pouco mais de iniciativa. É verdade que, além de sacudir a cabeça resmungando, você conservou uma atitude um pouco passiva demais. Vamos mudar isso. Sugiro que você entre para um nobre e generoso empreendimento: criar a vida.

Suporemos que Você já tenha criado as Estrelas, as Galáxias e os outros Objetos Celestes. Para gerar o Universo, bastou-Lhe escrever algumas Equações num Pedaço de Papel, e agora Você vai enviar uma Mensagem ao Universo, e nele introduzir a Vida.

Com a sua permissão, vou agora suprimir as maiúsculas e examinar a sua mensagem de vida com um olhar frio e científico. Uma coisa que devemos ter sempre em mente é que a sua mensagem de vida deverá enfrentar muito acaso. De fato, o caos clássico, a incerteza quântica e até o teorema de Gödel, de diferentes maneiras, introduzem acaso no Universo que você criou. Como isso vai afetar a sua mensagem?

Já discutimos antes um modelo de vidro de spin como metáfora da vida. A ideia é que há uma função

$$\mathcal{E}\ (\text{mensagem})$$

que a sua mensagem deve tornar tão grande quanto possível. Podemos supor que a sua mensagem deve reproduzir-se e que a função & está associada à probabilidade de reprodução de uma mensagem semelhante à mensagem original.[1] A função & contém tudo o que a sua mensagem conhece do Universo e, em particular, reflete o acaso nele presente.

O problema do vidro de spin (o problema de tornar & máximo) é NP difícil, como vimos no capítulo sobre a complexidade algorítmica. Você não vai perder seu tempo tentando resolvê-lo com exatidão, ou por sua própria conta. Você deixará sua mensagem se desenrolar por si mesma, esperando que, por aproximações sucessivas, ela acabe atingindo um valor elevado de &. De fato, sua mensagem é uma mensagem genética, que tem a capacidade de se reproduzir. As aproximações sucessivas correspondem a mutações ao acaso, seguidas de seleção, o que nos reconduz a uma concepção relativamente ortodoxa da vida. O método por mutações e seleção é, aliás, também uma maneira de abordar o problema do vidro de spin, mas falamos então do *método de Monte Carlo* (assim chamado porque nele o acaso desempenha certo papel, como no cassino). Qualquer que seja o nome, vemos que este método de aproximações sucessivas levará provavelmente a valores cada vez mais altos de &, mas não necessariamente ao máximo absoluto. Referindo-nos à Figura 1 do capítulo 22, é claro que, se nos pusermos a escalar por aproximações sucessivas a montanha errada, chegaremos ao topo dessa montanha, mas não ao topo da montanha mais alta. O método por mutações e seleção permite, portanto, desenvolver a vida de maneira eficaz, mas em geral não dá resultados ótimos.

Aliás, quanto mais longa for sua mensagem genética, mais ineficaz será o método de Monte Carlo. Realmente, a informação contida em sua mensagem se perderá rapidamente pelas mutações ao longo das gerações sucessivas, a menos que as mutações não sejam limitadas a um nível bastante baixo.[2] Mas isso quer dizer que o lento processo de mutações e de seleção só levará você ao topo de uma pequena montanha da Figura 1 citada, e você tem pouca chance de um dia atingir os picos mais altos.

Criar a vida, como você vê, leva a muitos aborrecimentos. Que fazer, agora? Uma boa ideia talvez fosse examinar a função

$$\mathcal{E}\ (\text{mensagem})$$

que contém toda a complexidade do Universo, tal como ela aparece do ponto de vista de sua mensagem de vida. Haverá algo além de acaso nessa função? Alguma regularidade de que possamos tirar proveito? Será o Universo totalmente carente de sentido e de razão, ou tem alguma estrutura? Felizmente, há regularidades no Universo, e estas regularidades se exprimem até no nível de sua mensagem. O que acontece é que você pode recortar a sua mensagem em segmentos, ou frases, cada um dos quais com um sentido próprio:

mensagem = (frase A, frase B, frase C, ...)

As frases A, B, C etc... podem também ser chamadas genes, e seu sentido é codificar, digamos, diferentes enzimas. Mas não quero tratar dos pormenores do maquinário genético. Aqui importa mais compreender como a possibilidade de recortar a mensagem de vida em segmentos significativos corresponde, em certo sentido abstrato, à estrutura do Universo. Suponhamos que (por mutação) você obtenha novas mensagens tais como

(frase A^*, frase B, frase C,...)

ou

(frase A, frase B^*, frase C,...)

e assim por diante. Por hipótese, estabeleceremos que essas mutações não sejam desastrosas demais, de modo que as mensagens (ABC...), (A^*BC...) e (AB^*C...) deem todas um valor bastante alto à função $\mathcal{E}$. O fato de colocar juntas duas mutações razoáveis poderia proporcionar um resultado catastrófico, mas muitas vezes não é o caso. Em outras palavras, muitas vezes (A^*B^*C...) é uma mensagem genética razoável se $(A^*BC\ldots)$ e $(AB^*C\ldots)$ o forem, e é este fato que exprime, no nível da função &, que o Universo não seja totalmente carente de sentido. De fato, o argumento que acabamos de apresentar conserva seu valor se A, B, C, ... forem pedaços de genes ou letras individuais (= bases) em vez de genes.

Chegamos a uma conclusão conceitual importante, que vou repetir. O fato de haver certa ordem no Universo tem oportunidade de se exprimir no nível de sua mensagem de vida. A ordem do Universo tem por resultado que é uma boa ideia recombinar as mensagens mutantes $(A^*BC\ldots)$ e $(AB^*C\ldots)$ numa mensagem $(A^*B^*C\ldots)$. O processo que efetua essa recombinação chama-se sexualidade.[3] E você, o Criador, vendo que a recombinação é boa para sua mensagem, inventa o sexo e o dá às suas criaturas. Eis aqui, portanto, qual o verdadeiro significado do sexo: há no Universo certas regularidades, e a recombinação genética é, portanto, útil.

Em vez de mudar, por mutação, uma letra de cada vez na mensagem genética, o acaso pode agora substituir uma palavra ou uma frase por outra palavra ou por outra frase. Evidentemente, trata-se de um processo muito mais inteligente. (Note que há também outras coisas que podemos fazer, como eliminar certas partes da mensagem genética, ou conservar várias cópias dela.)

O aparecimento do sexo permite, portanto, que a vida evolua bem mais rapidamente. As mutações, é claro, continuam a se produzir, mas um processo inovador mais inteligente entra em campo para remanejar as mensagens genéticas. E depois de cada remanejamento a seleção natural age para conservar os mais aptos e os de maior sorte.[4]

O sexo, portanto, tornou a vida muito mais interessante, e somos tentados a nos entregar ao lirismo para descrever a colaboração entusiasta dos genes, que conduz a vida a valores cada vez mais altos da função & (mensagem).

Os estudos modernos, no entanto, levam a uma concepção mais sóbria das coisas, como expõe o biólogo britânico Richard Dawkins num livro fascinante, *The selfish gene*[5] (*O gene egoísta*).

Dawkins analisa o efeito da seleção natural no nível de um gene individual, e mostra que este último tenta garantir de forma egoísta sua própria reprodução, sem se preocupar com os demais genes. Lembremo-nos de que os genes são os pedaços significativos elementares da mensagem genética. À falta de mutação, eles reproduzem cópias idênticas de si mesmos e são, portanto, potencialmente imortais. As plantas e os animais são apenas os veículos mortais que transportam os genes, e seu comportamento é determinado por essa tarefa única. Temos razões para acreditar que há muitos genes aproveitadores que não fazem nada de útil para os veículos que os transportam (e que podem até ser nocivos). A coabitação de muitos genes egoístas não é coisa fácil. Ela é ineficaz, e gostaríamos de pôr um pouco de ordem e de disciplina na assembleia dos genes.

Que fazer? Voltamo-nos de novo a você, grande cientista, criador da vida, inventor do sexo, para nos inspirar uma ideia que faça funcionar a mensagem genética de maneira mais eficaz.

...?

Você quer dizer que tudo não passa de um mal entendido? Você não se julga mais responsável pela criação da vida? Nem por sua evolução? Tem certeza disso?

Isso é terrivelmente decepcionante. Você abandonou as suas criaturas. Agora vamos ter de escrever um novo roteiro e começar tudo novamente...

Assim, portanto, as estrelas, as galáxias e os outros objetos celestes começaram a existir. Não sabemos bem nem como nem por quê. Mas tampouco há uma razão muito séria para que essas coisas não estejam aí. Existe muito acaso no Universo e também bastante estrutura. E a vida surgiu no Universo. Com bastante facilidade, ao que parece,[6] mas não sabemos exatamente como. As pequenas mensagens genéticas que são a essência da vida enfrentaram a complexidade do Universo e se adaptaram a ela. Mais tarde, as pequenas mensagens genéticas descobriram a arte de se recombinarem, a que chamamos sexualidade. E a vantagem dessa descoberta foi grande, pois permitiu que as mensagens genéticas explorassem melhor a ordem e a estrutura do Universo.

As mensagens genéticas da vida são assembleias de genes egoístas. Mas a seleção natural força esses genes a cooperarem de uma maneira não demasiadamente ineficaz. E a vida criou uma proliferação de formas e de mecanismos para utilizar o mundo que nos cerca, para explorar as regularidades da estrutura do Universo.

Porque há regularidades na estrutura do Universo, e porque a vida pode explorá-las em vantagem própria, uma nova característica da vida lentamente apareceu. É o que chamamos de *inteligência*.

Notas

1. Podemos supor que o número de descendentes de primeira geração de uma mensagem é proporcional a exp $\mathcal{E}$ (mensagem), e permitir mutações de uma mensagem para mensagens muito próximas. O principal defeito desse modelo (ou dessa metáfora) da vida é que ele não leva em conta a dinâmica das relações entre uma mensagem e os mensageiros da mesma espécie ou de espécie diferente (isto é, não se leva em conta a dinâmica das populações).

2. O mais simples, do ponto de vista matemático, é pensar em mutações pontuais (embora outros tipos de mutação tenham grande importância na evolução). As mutações pontuais correspondem a uma evolução aleatória fornecida pela função $\mathcal{E}$. A hipótese de que o número de descendentes de primeira geração de uma mensagem seja proporcional a exp $\mathcal{E}$ (mensagem) implica que os grandes valores de $\mathcal{E}$ sejam favorecidos. As evoluções aleatórias num meio ambiente aleatório são conhecidas por serem muito lentas; de fato, para ir de uma montanha a outra é preciso primeiro descer, o que é um processo improvável [ver Ya. G. Sinai, Comportement asymptotique des cheminements aléatoires unidimensionnels dans des environnements aléatoires, *Teor. Verojatn. i ee Primen.*, v. 27, p. 247-58, 1982; E. Marinari, G. Parisi, D. Ruelle e P. Windey, On the interpretation of 1/f noise, *Commun. Math. Phys.*, v. 89, p. 1-12 1983; R. Durrett, Multidimensional random walks in random environments with subclassical limiting behavior, *Commun. Math. Phys.*, v. 104, p. 87-102, 1986]. A evolução aleatória tem, portanto, a tendência de ser emboscada no cume da montanha. Podemos evitar essa emboscada aumentando a taxa de mutação, mas tal aumento é severamente limitado pela necessidade de conservar mensagens genéticas que tenham sentido. De fato, quando passamos dos organismos simples com curtas mensagens genéticas aos organismos complexos com longas mensagens, descobrimos que os mecanismos de reprodução da mensagem são cada vez mais precisos, reduzindo as mutações a níveis cada vez mais baixos. Segundo a

teoria da informação, é bem isso que devemos esperar [ver M. Eigen e P. Schuster, *The hypercycle, a principle of natural self-organization*, Berlim: Springer, 1979]. Tudo isso explica que a evolução utilize muitas outras astúcias além das mutações pontuais (aumento ou perda de material genético, sexo e simbiose são importantes para a evolução).

3. O sexo, sem ser universal, é bastante comum entre os organismos vivos. A recombinação genética, que é um processo sexual, existe em certas bactérias. Isso não quer dizer que haja sempre dois gêneros (isto é uma inovação menos essencial, por mais importante que nos possa parecer).

4. Em geral se admite que o sexo ajude a evolução, mas há opiniões contrárias. Ver L. Margulis e D. Sagan, *Origins of sex*, New Haven: Yale University Press, 1986.

5. R. Dawkins, *The selfish gene*, Oxford: University Press, 1976.

6. A Terra se formou há 4,5 E9 anos, e achamos rastos de vida em rochas com 3,5 E9 anos de idade. À escala da idade da Terra, parece que a vida surgiu assim que as condições do meio ambiente o permitiram. Observemos de passagem que, na época da criação da vida, a função & (mensagem) era bastante diferente do que é hoje.

CAPÍTULO 25

INTELIGÊNCIA

David Marr era um especialista em tratamento de informação visual e em inteligência artificial, e trabalhava no MIT (Massachusetts Institute of Technology). Seu livro *Vision*[1] é uma das mais importantes contribuições à literatura científica dos últimos anos. David Marr resolveu escrever seu livro quando soube que sofria de leucemia e não lhe restava muito tempo de vida. Compreende-se, assim, que *Vision* não se demore muito no pomposo ritual que tantas vezes pesa sobre a literatura científica. O livro vai direto às questões essenciais.

A informação que chega a nossos olhos é tratada em diversos níveis, desde a retina até o córtex visual (uma zona na parte de trás do cérebro), e o conjunto do sistema funciona maravilhosamente para analisar o que se passa ao nosso redor. Algumas questões se colocam naturalmente: qual é a estrutura de nosso sistema visual? Como funciona ele exatamente? Como é constituído? Mas David Marr levanta também outras questões. Assim, partindo do zero, se quisermos inventar um sistema visual, quais serão as opções? Trata-se, se se quiser, de um problema de engenheiro: qual é o valor da solução biológica desse problema? Conhecemos fragmentos de resposta para todas essas questões. Reunindo todos esses fragmentos num conjunto, chegamos a uma concepção geral muito convincente, mesmo que muitos detalhes permaneçam duvidosos.

No que nos diz respeito, o resultado importante é este: nosso sistema visual é estruturado de maneira a tratar certo tipo de informação visual, correspondente a uma realidade física bem definida. É o que decorre claramente da análise de David Marr. Nosso sistema visual não é um instrumento generalista para a análise das distribuições de cor e de intensidade luminosa. É um instrumento destinado a perceber objetos no espaço de três dimensões, objetos limitados por superfícies de duas dimensões, sendo estas mesmas superfícies limitadas por bordas. O sistema visual deve marcar as bordas, reconstruir as superfícies e interpretá-las em termos de objetos submetidos a determinada iluminação e colocados de determinada maneira relativamente ao observador. (Há, aliás, muitas outras coisas a fazer, como perceber os movimentos, e tudo isto deve ser feito com muita rapidez.)

Quando abrimos os olhos, recebemos do mundo exterior uma enorme quantidade de informações. Mas o mundo exterior é altamente estruturado, e as mensagens que nossos olhos recebem são, portanto, muito redundantes. O sistema visual, ao fazer hipóteses sobre a classe das mensagens permitidas, procede a uma compressão dos dados recebidos. Esta compressão de dados começa no nível da retina, e antes mesmo de chegar ao córtex visual as mensagens já estão tratadas e consideravelmente comprimidas. Tudo o que vemos são imagens interpretadas, por um sistema visual que a evolução natural preparou para enfrentar certo tipo de realidade física exterior.

Voltemos agora ao problema do engenheiro que quer inventar um sistema visual eficiente. Trata-se de um problema de *inteligência artificial*. Por que *inteligência?* O que chamamos de inteligência é a atividade da mente, cuja sede é o cérebro. A inteligência guia nossas ações com base no que percebemos do universo exterior, e a interpretação das mensagens visuais faz parte dela, portanto.

Para compreender a inteligência, uma ideia natural é estudar o cérebro: investigar a sua anatomia, utilizar eletrodos para analisar a sua atividade elétrica, olhar suas células no microscópio etc. Tudo isso foi feito, evidentemente, e fornece informações importantes (especialmente sobre o sistema visual). O estudo direto do cérebro tem, porém, suas limitações. Seria difícil reconstruir uma língua natural, tal como o francês ou o português, olhando um cérebro. No entanto, a linguagem sem dúvida desempenha um papel importante na organização da inteligência humana. O problema da linguagem, aliás, mostra que provavelmente não é fácil compreender a inteligência, e que não é prudente limitar-se a uma única metodologia, seja ela a neurofisiologia ou a psicologia.

É especialmente natural e apropriado abordar o estudo do sistema visual à maneira de um engenheiro. É notável que também tenha sido dessa maneira que Sigmund Freud tenha abordado a análise do instinto sexual. O que Freud chama de sexo não é exatamente a mesma coisa que chamamos de sexo no capítulo anterior; os dois conceitos, porém, não deixam de ter certa relação entre si.[2] O fundador vienense da psicanálise descreveu certo número de *pulsões parciais* (não raro ligadas a zonas erógenas particulares: oral, anal...) e explicou o instinto sexual nesses termos. As pulsões parciais aparecem separadamente nas crianças. No curso natural das coisas, elas depois se organizam num comportamento sexual funcional. Os comportamentos ditos perversos surgem quando as pulsões parciais não se integram como deveriam integrar-se normalmente (e o que aqui chamamos de normal é o comportamento favorecido pela seleção natural, ou seja, o que leva à procriação).

O instinto sexual e o sistema visual podem compreender-se um ao outro com base em suas funções. Os "erros" do sistema, ou seja, as perversões sexuais num caso e as ilusões visuais no outro, guiam nossa interpretação. Quanto ao sistema visual, temos, além disso, uma compreensão bastante minuciosa do tratamento da informação realizado desde a retina até o cérebro. O estudo do instinto sexual não conta, em compensação, com estudos anatômicos e funcionais pormenorizados, e a situação é bem pior para os outros problemas colocados pela psicanálise. De fato, a glória e a tragédia da psicanálise residem em seu isolamento metodológico, e foi ele que lhe valeu o desprezo de tantos cientistas. O próprio Freud era um cientista e constituiu a psicanálise como uma doutrina científica. Sob seus sucessores, infelizmente, a psicanálise se distanciou da ciência. Só nos resta esperar que uma renovação metodológica reverta essa tendência. Afinal, a psicanálise trata de problemas de *software* que, mais dia menos dia, deverão unir-se proveitosamente aos problemas de *hardware* de que tratam as neurociências.

Voltemos, porém, ao problema da inteligência. Juntando um instinto sexual, um sistema visual e alguns outros mecanismos do mesmo gênero, sem dúvida obteríamos um cérebro razoável para um rato ou para um macaco. Mas o intelecto humano não será algo de totalmente diferente, incomparavelmente superior? Pois bem, talvez não. Uma razão para se pensar que a diferença não seja extrema é que a diferenciação do cérebro humano levou relativamente pouco tempo na escala da evolução (alguns milhões de anos, e o desenvolvimento das linguagens complexas é, sem dúvida, mais recente). Se fôssemos capazes de construir um cérebro de macaco, sem dúvida já não estaríamos muito longe do cérebro humano em termos de novos mecanismos a utilizar. Em outras palavras, as aptidões especificamente humanas de utilização de instrumentos e de aprendizado de linguagens complexas deram-se provavelmente com uma relativa facilidade, mesmo se correspondem a um aumento considerável do tamanho do cérebro.

Naturalmente, possuímos capacidades intelectuais muito superiores às dos ratos e dos macacos: podemos discutir o problema teológico da predestinação, ler poesia e sentir prazer com isso, e demonstrar que a série dos números primos é ilimitada. Mas o cérebro que utilizamos baseia-se nos mesmos mecanismos que o de um rato ou de um macaco. É patético que esse cérebro pretensamente tão superior sinta dificuldade para executar operações aritméticas simples, seja incapaz de dar a hora exata e não consiga memorizar facilmente alguns milhares de algarismos (é por isso que utilizamos calculadoras, relógios, calendários e anuários).

Na atividade tipicamente "superior" que constitui a ciência, parece que utilizamos sobretudo nossas capacidades de linguagem e nosso sistema visual. A implicação do sistema visual é uma grande vantagem, e é por isso que a geometrização das matemáticas é importante.

Tentemos resumir. Nosso cérebro e nossa inteligência baseiam-se em mecanismos estritamente ligados ao problema da sobrevivência num certo tipo de ambiente. Muito recentemente, a evolução acrescentou às funções de base do cérebro alguns mecanismos superiores de grande flexibilidade. A posse desses mecanismos superiores mostrou-se muito útil e foi reforçada pela evolução natural. Um subproduto dos mecanismos superiores é que eles permitiram que o conhecimento científico se desenvolvesse. A meu ver, trata-se de um acidente. Faltam ao cérebro humano certas funções básicas muito desejáveis para se fazer ciência: a aptidão para calcular de maneira rápida e confiável, ou a capacidade de memorizar grandes quantidades de dados. Apesar dessas insuficiências, a ciência humana se desenvolveu e nos permite analisar a natureza das coisas bem mais profundamente do que poderíamos razoavelmente esperar.

Vivemos, aparentemente, num mundo cheio de objetos tridimensionais limitados por superfícies de duas dimensões.[3] É, portanto, normal que nosso cérebro perceba bem esses objetos: trata-se de uma aptidão útil à sobrevivência, que a seleção natural encoraja. Mas a seleção natural não explica que compreendamos a química das estrelas ou as propriedades sutis dos números primos. A seleção natural mostra por que os humanos adquiriram funções intelectuais superiores, mas não mostra por que nosso universo físico ou o mundo abstrato das matemáticas são também acessíveis à nossa inteligência.

Nós nos convencemos de que o universo físico devia apresentar muito acaso. Nós nos convencemos de que muitas asserções matemáticas deveriam ser indemonstráveis. E no entanto, extraordinariamente, compreendemos muitas coisas, tanto acerca do universo físico quanto a respeito das matemáticas.

O que chamamos de compreensão está muito ligado à natureza particular da inteligência humana. Por exemplo, nós fazemos muito uso das línguas naturais na matemática. De fato, nosso pobre cérebro é incapaz de enfrentar textos matemáticos completamente formalizados, embora eles sejam, em princípio, preferíveis. (Poder-se-ia acreditar que o jargão utilizado pelos matemáticos fosse formal e incompreensível o bastante; não se trata, porém, do que chamamos uma língua matemática formalizada: é preferível dizer que esse jargão é semiformalizado.) Apresentamos nossos conhecimentos matemáticos sob a forma de breves teoremas porque nossa mente rejeita as formulações realmente longas. Não há dúvida de que seres inteligentes não humanos fariam matemática de um modo bastante diferente de nós. Temos já uma ideia disso ao considerarmos o trabalho dos computadores utilizados como auxiliares nos estudos matemáticos. (Os computadores atuais não compreendem os textos em linguagem natural, mas utilizam sem problemas códigos muito longos.) Em suma, a maneira como fazemos matemática é humana, demasiado humana. Mas a maior parte dos matemáticos não suspeita que haja uma realidade matemática além de nossa mesquinha existência. Descobrimos a realidade matemática, não a criamos. Colocamo-nos uma questão que parece natural e começamos a trabalhar nela, e muitas vezes encontramos a resposta (ou alguma outra pessoa a encontra). E sabemos que a resposta não teria podido ser diferente. O surpreendente é que, por causa do teorema de Gödel, não tínhamos nenhuma garantia de que o problema podia ser resolvido. Não sabemos por que o mundo da verdade matemática nos é acessível, e nos maravilhamos de que o seja.

A compreensibilidade do universo físico em termos de estruturas matemáticas não é menos espantosa. O físico Eugène Wigner exprimiu seu espanto num artigo de título significativo: "A não razoável eficiência das matemáticas nas ciências naturais".[4] Nós aprendemos quão vasto é o Universo e que lugar insignificante nele ocupamos. E o incrível é que possamos sondar as profundezas desse Universo, e compreendê-lo.

Notas

1. D. Marr, *Vision*, Nova York: Freeman, 1982.
2. Os processos por que Freud se interessa são os processos da *mente*.
3. É evidentemente uma idealização ver nosso mundo como tridimensional e contendo objetos limitados por superfícies. Os cientistas usam de muitas outras idealizações, mas essa foi especialmente encorajada pela evolução, e está arraigada em nossos cérebros. É uma idealização que nos foi muito útil, tanto para a sobrevivência quanto para o desenvolvimento da geometria e das outras ciências.
4. E. Wigner, The unreasonable effectiveness of mathematics in the natural sciences, *Comm. pure appl. Math*; v. 13, p. 1-4, 1960.

CAPÍTULO 26

EPÍLOGO: A CIÊNCIA

Vamos dar um salto para trás de alguns milhares de anos. Cai a noite, terminou o dia de trabalho e acendemos as lamparinas a óleo. Comentamos as notícias locais e as próximas atividades rurais, cuja data é fixada de acordo com o aspecto das constelações no céu. Ficamos espantados com as histórias contadas pelos viajantes e com as estranhas línguas que eles falam. Há uma discussão sobre os atributos dos deuses, ou sobre alguma lei, ou sobre as virtudes medicinais de alguma planta. A curiosidade intelectual está presente aqui, assim como a necessidade de compreender os segredos do vasto mundo e a natureza das coisas. E aplicamos essa curiosidade a todos os problemas: como interpretar os sonhos para saber o futuro, como entender os signos no céu ou como fazer um ângulo reto com um pedaço de barbante (fazer um triângulo de lados 3, 4 e 5).

E agora, alguns milhares de anos mais tarde, voltando-nos para o passado, vemos que certos temas de discussão foram esquecidos: os atributos dos antigos deuses já não nos interessam muito. Algumas questões não mudaram muito: qual é a verdadeira natureza da arte? E que é o conhecimento? Mas o estudo de outros problemas deu lugar aos extraordinários progressos da ciência e das técnicas, que modificaram completamente a condição humana.

Da contagem dos carneiros e do traçado de ângulos retos com um barbante saíram as matemáticas. A observação do movimento dos astros levou à criação da mecânica e da física. E mais tarde a biologia e a medicina modernas se desenvolveram, substituindo o estudo das plantas medicinais.

O destino da ciência foi diferente dos outros domínios da curiosidade humana, não porque os objetos e os conceitos em questão fossem diferentes. Revelou-se mais vantajoso analisar as propriedades dos triângulos do que a interpretação dos sonhos. O estudo do movimento do pêndulo mostrou-se mais fértil do que o estudo da natureza da consciência. Às vezes a ciência esclarece os velhos problemas filosóficos, às vezes é subvertida por eles. Mas muitas vezes as questões sugeridas pela introspecção ficam sem resposta ou, se vêm as respostas, elas são mais intelectualmente convincentes do que psicologicamente satisfatórias.[1]

O *acaso* não parecia *a priori* ser um assunto muito promissor para um estudo preciso, e muitos cientistas o desprezaram não muito tempo atrás. Agora, no entanto, ele desempenha um papel central em nossa compreensão da natureza das coisas. O objetivo deste livro era dar uma ideia desse papel. Vimos como, por meio das teorias físicas, podemos idealizar o mundo que nos cerca e como o *caos* limita o controle intelectual que temos sobre esse mundo. Vimos que uma avaliação correta do acaso e da *preditibilidade* são importantes, tanto no nível da vida cotidiana como no nível da história. Introduzimos a *entropia* que mede a quantidade de acaso devida ao caos molecular num litro de água. Demos uma olhada nos problemas de *complexidade* e vimos que a *informação* útil pode ser muito difícil de se obter. E encontramos o acaso até nas propriedades dos números inteiros 1, 2, 3...

Consideremos agora aqueles que fazem ciência.

Depois de discutir com um bom número de colegas, cheguei à conclusão de que havia dois grupos entre os físicos de minha geração. Alguns desenvolveram o gosto pela ciência praticando química divertida quando crianças. Outros, mais atraídos pela eletricidade e pela mecânica, divertiam-se desmontando aparelhos de rádio e despertadores. De minha parte, eu era francamente químico. Quando encontro um colega que teve inclinações parecidas, passamos horas evocando e comparando recordações de nossas loucas "experiências" químicas. Como preparar nitroglicerina ou fulminato de mercúrio, ou ferver ácido sulfúrico num vidro de Pyrex (esta última experiência deve ser especialmente desencorajada). Perguntei um dia ao físico americano John Wheeler se ele pertencia à categoria química ou à categoria eletromecânica. Sua resposta foi "ambas", e sua esposa, que estava presente, pegou a sua mão e disse: "Mostre seu dedo, Johnny". E Johnny teve de mostrar seu dedo, ao qual faltava um pedacinho em consequência de uma "experiência divertida" de juventude. Em contrapartida, o físico Murray Gell-Mann me disse que nunca havia feito "ciência divertida", mas que em compensação havia lido muita ficção científica.

Por causa dos problemas de droga e de terrorismo, tornou-se difícil conseguir produtos para a química divertida. Além disso, o desmonte dos aparelhos de rádio e dos despertadores perde interesse por causa da miniaturização eletrônica (não há grande coisa a ser vista). Assim, os futuros cientistas agora se divertem com computadores, o que deve produzir uma variedade nova e diferente de físicos. Em todo caso, porém, a carreira de um físico começa com certo fascínio, que sem dúvida é de natureza um pouco mágica no caso da química divertida, e de natureza mais lógica no caso dos aparelhos elétricos ou mecânicos e dos computadores. Deixo de lado o caso das pessoas que se veem "fazendo pesquisa" para ganhar a vida, mas que preferem ver um jogo na televisão assim que podem.

Assim como os físicos, os matemáticos são levados por um poderoso fascínio. A pesquisa matemática é dura, ao mesmo tempo gratificante e penosa intelectualmente, e não nos entregamos a ela sem uma forte motivação interior.

Qual é a origem desta pulsão, deste fascínio que serve de motor à atividade dos físicos, dos matemáticos e, sem dúvida, também dos pesquisadores dos outros campos da ciência? A psicanálise sugere que seja a curiosidade sexual. Você começa perguntando de onde vêm os bebezinhos, depois, aos poucos, você se vê preparando nitroglicerina ou resolvendo equações diferenciais. A explicação é um pouco irritante, o que por certo quer dizer que é fundamentalmente correta. Mas se a curiosidade sexual está na origem da ciência, algo de diferente e de fundamental logo vem se somar: o fato de que o mundo é compreensível. Se abordamos a ciência do ponto de vista puramente psicológico (seja ele psicanalítico ou neurocientífico), permanecemos cegos à compreensibilidade das matemáticas, assim como à "não razoável eficácia das matemáticas nas ciências naturais". Alguns especialistas das ciências moles parecem partilhar essa cegueira. Mas, em seu conjunto, os matemáticos e os físicos consideram que estão tratando de uma realidade exterior com suas leis próprias, uma realidade que transcende as regras da psicologia, uma realidade estranha, fascinante e, em certo sentido, também bela.

E aí está. Eu estava preparado para lhe fazer uma descrição ao mesmo tempo simples e comovente da tarefa grandiosa do cientista que resolve os enigmas do Universo..., mas vejo que você não me permite fazer isso. Você gostaria que lhe falássemos de Édipo, muito satisfeito de ter resolvido o enigma da esfinge e que desencadeou com isso uma série de acontecimentos tão catastróficos, tão desastrosos, que ocupou os autores dramáticos e os psicanalistas durante os três mil anos que se seguiram. Os cientistas também começam resolvendo enigmas, depois explodem um pedacinho de seus dedos, depois talvez o planeta inteiro. Não devia a ciência ter um comportamento mais responsável?

A resposta para esta última pergunta é clara: a ciência é totalmente amoral e completamente irresponsável. Os cientistas agem, individualmente, de acordo com o senso que têm (ou não têm) de suas responsabilidades morais, mas agem como seres humanos, não como representantes da ciência. Tomemos um exemplo. O que antigamente chamávamos *a natureza*, e que já não é mais do que *o nosso meio ambiente*, está a ponto de se tornar meramente a nossa lata de lixo. Culpa da ciência? A ciência pode efetivamente ajudar na destruição da natureza, mas também pode ajudar a proteger o meio ambiente, ou pode servir para medir a poluição. As decisões são todas humanas. A ciência responde às perguntas (pelo menos de tempos em tempos), mas não toma decisão. Os humanos tomam decisões (pelo menos de tempos em tempos).

É difícil julgar quais são as opções realmente abertas à humanidade. O apocalipse será amanhã? Ou será que o gênero humano poderá prosseguir indefinidamente em seu caminho? O cérebro que utilizamos é o mesmo que o de nossos ancestrais da idade da pedra e deu provas de uma flexibilidade espantosa. Em vez de correr a pé e de caçar com a lança, o humano moderno guia automóvel e vende apólices de seguro. E, a menos que haja um cataclismo por perto, haverá outras mudanças, novos progressos. Para muitos trabalhos técnicos, nossos cérebros paleolíticos e obsoletos serão substituídos por máquinas mais rápidas e mais confiáveis. E a ciência virá em auxílio de nossos antiquados mecanismos de cópia genética, permitindo evitar toda espécie de horríveis doenças. E nós não podemos dizer NÃO. Por razões sociológicas, não temos a opção de recusar todos esses magníficos melhoramentos. Mas será que a humanidade vai conseguir sobreviver às mudanças que não podemos deixar de fazer em nosso meio ambiente físico e cultural? Nada sabemos a respeito.

Agora, como antigamente, a obscuridade sobre o nosso futuro permanece insondável, e não sabemos se a humanidade caminha para um futuro mais nobre ou para uma autodestruição inevitável.

Notas

1. Um ensaio curioso e interessante deve ser mencionado aqui: R. Penrose, *The emperor's new mind*, Nova York: Oxford University Press, 1989. Trata-se ao mesmo tempo de uma exposição brilhante de ideias científicas modernas e de uma defesa apaixonada e minuciosa. O autor sugere que as leis da física devem ser alteradas para poderem dar conta do fenômeno da consciência e da convicção introspectiva de que nossa mente não funciona como um computador. Claramente, as leis da física devem ser

alteradas para levarem em conta a gravidade quântica, mas tenho sérias dúvidas de que isso se faça de acordo com as ideias de Penrose. Quando se trata de consciência e de certezas introspectivas, devemos sempre nos lembrar de quanta força e de quanta habilidade a nossa mente usa para se enganar a si mesma. Dentre os ensinamentos da psicanálise, este pelo menos merece não ser rejeitado levianamente.

SOBRE O LIVRO

Coleção: Biblioteca Básica
Formato: 14 x 21 cm
Mancha: 25 x 44 paicas
Tipologia: Goudy Old Style 12/14
Papel: Pólen 80 g/m² (miolo)
Cartão Supremo 250 g/m² (capa)
1ª edição: 1993

EQUIPE DE REALIZAÇÃO

Produção Gráfica
Sidnei Simonelli (Gerente)

Edição de Texto
Fábio Gonçalves (Assistente Editorial)
Cristina Miranda Bekesas (Preparação de original)
Celso Donizete Cruz
Eleni da Penha Nizu de Barros (Revisão)
Oitava Rima Prod. Editorial (Atualização Ortográfica)

Editoração Eletrônica
Oitava Rima Prod. Editorial

Projeto Visual
Lourdes Guacira da Silva

Impressão e acabamento